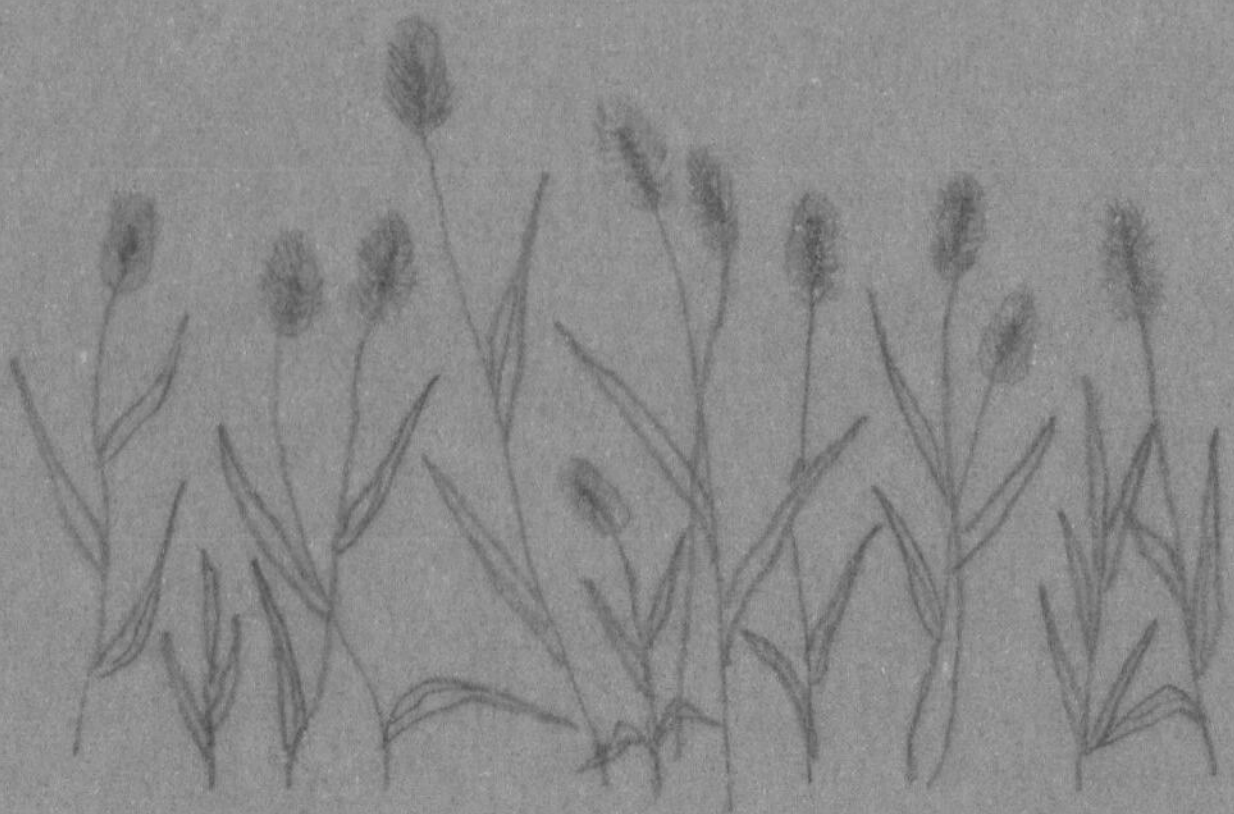

猫との約束

いとおしい、人生の相棒へ

佐竹茉莉子

はじめに

この本は、猫たちと交わした約束をテーマにした実話集です。Webサイト「sippo」での連載記事をもとにしたもの10編、Webサイト「フェリシモ猫部」でのブログ記事をもとにしたもの3編に、新しい取材記事を4つ加えて、17編としました。

捨てられていた子猫、人に心を許さずさまよっていた猫、病気やハンデを持つ猫、長年連れそった老猫……。猫生も個性もいろいろですが、それぞれの愛おしさがあり、それぞれの飼い主とのしあわせのかたちがあります。

保護猫活動を続けている方への取材も重ねてきましたが、その方たちは、猫たちに「必ずしあわせにするからね」と約束します。そして、「ずっと一緒だよ。しあわせにするよ」と約束してくれる家族へと手渡します。

猫は自分で運命を選べない。野生では生きていけない。苦しみ哀しみを訴えるすべがない。だからこそ、人は猫たちと、しっかりと「しあわせにするよ」という覚悟と責任を持って向き合っていかなければ。

小さないのちを守り抜くその約束は、個別の約束を超えて、「人間と猫」「社会的強者と弱者」という大きな共生社会の中でも、大切な土台のはずです。

この本のテーマに共鳴し、あたたかな推薦の言葉を寄せてくださり、往復書簡による猫ばなしを実現させてくださった深谷かほるさんに、心より感謝いたします。

猫たちが巡り会った人と綴るエピソードが、これから猫と暮らそうと思っている方たちへの道しるべともなってくれますように。すでに猫と暮らしている方は、そこにいるだけで愛猫がくれる至福を、あらためて堪能なさいますように。

佐竹茉莉子

もくじ

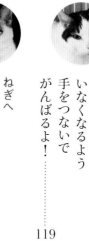

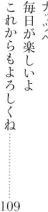

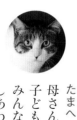

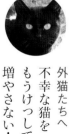

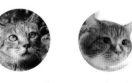

事務所の中に
"ねこちゃん"が居るニャ!!
ドア閉めてニャ〜!!
猫たちが
安心して
暮らせますように

猫との約束

第1話

私たちを
選んでくれてありがとう

車道に子猫がいる！


朝からの雨だった。

秀行・千恵さん夫妻は、大通りを車で自分たちの店に向かっていた。10時にお客の予約が入っているのだ。ハンドルを握って片側2車線の左車線を走っていた秀行さんは、赤信号で停車したとき、ふと右車線を見下した。そして、驚いた顔を妻に向けて言った。

「そこに子猫がいる！」

さいわい、右車線には車が走っていない。2～3台がゆっくりと後ろに続いて停まった。すぐさま、ハザードランプをつけて路肩に車を寄せた。後続車に手ぶりで「すみません」と伝えながら、千恵さんは子猫を保護した。

タオルハンカチでくるんだ小さないのちは、ひんやりと濡れそぼって、小刻みに震えていた。雨に煙って前方が見えにくい朝だったし、濡れたアスファルトの色に溶け込むような色の小さなキジトラは目立たず、秀行さんが気づかなければ、ほどなく潰れていただろう。


予約客があるので、まずは店に向かう。千恵さんにお湯シャワーで洗ってもらい、ドライヤーで乾かしてもらっている間、子猫はされるがままでおとなしかった。洗面台は清潔で大きく、千恵さんの洗い方は手際よくやさしかった。

ふたりの店は、美容室だったのである。

子猫は生後ひと月半ほどの女の子で、歩き出すたびに転んだ。よく見ると、後ろ左脚がおかしい。だから、車道でうずくまっていたのか。

秀行さんが仕事をしている間、千恵さんが動物病院へ子猫を連れて行った。

千恵さん提供

獣医さんの診断は、「後ろ左脚の大腿骨折あり。生まれてまもなくの骨折で、曲がったまま骨がくっついてしまっている。小さすぎて手術は無理」とのことだった。ノミもお腹の虫もいないので、ノラ生まれではなく、捨てられた子と思われた。

台風とコロナ禍の町で

ふたりの美容室は、海岸まで2分、八幡神社の交差点角にある12坪ほどの小さな店だ。横浜の美容室で働いていたふたりが、千恵さんの生まれ故郷の南房総で新しい暮らしを始めたのは、４年前のことだった。

薬局だった店舗を自分たちでリノベーションして、「誰もが訪れやすい、気持ちのいい空間であるように」と願い、２０１７年のクリスマスに開店。「ああ、さっぱりしたわ」と喜んでくれる馴染み客が増えていった２０１９年の秋。２度の台風が南房総に大きな爪痕を残した。見慣れた家並が瓦礫とブルーシートだらけになった。

町をあげて再生へ取り組むさなか、今度はコロナ禍の自粛が襲う。誰もがさまざまに不安を抱えて、それでも行く手に光を見つけようと懸命に模索していた。秀行さんたちも、完全予約の営業体制で、自粛後のスタートを切ったばかり。

そんなときに、拾った子猫だった。

Tao
ただのびょうしつ

「保護したものの、今は子猫どころじゃない。早く譲渡先を見つけなくちゃ、とＳＮＳで知り合いに呼びかけ続けました」と、千恵さんは言う。

秀行さんは子供の頃から猫と暮らしていたが、千恵さんは初めて。ぬいぐるみに寄りそって眠る姿をなんて愛らしいと思いつつ、手元に残すまでは考えなかった。

拾って数日後。貰い手が見つかりそうになったものの、話は流れた。そのとたん、千恵さんは「うちの子にしよう」とストンと決めた。

秀行さんは、口を挟まずにいたが、内心は「なんで譲渡先を探すんだ？」と思っていた。この手で保護したってことは、うちの子にするってことじゃないのか、と。

映画「風の谷のナウシカ」に登場するキツネリスに似ていたので、「テト」と名づけた。まだ幼いのでひとりにしてはおけず、予約が入ったときは店に同伴した。猫アレルギーのお客さんのときにはケージから出さないが、「きゃ〜！　カワイイ」と歓声で迎えてくれるお客さんが断然多い。歩き回って遊ぶうち、骨折の後遺症はわからないほどに回復してきた。

明るみのほうを見つめて

店は、通り側が全面ガラス張りで、テトは、陽射しの中が大好きだ。

その目はいつも明るいほうを見つめている。骨折したり、捨てられたり、幼いながら大試練を2度も体験した。以前とはちょっと変わってしまった形の脚だけれど、歩くのに何の不自由もない。

テトが店にいることで、夫妻とお客さんとの会話も弾む。「お互い大変だけどがんばりましょうね」と、エールを笑顔で交わし合う。コロナ禍で否応なしに始まった「新しい日常」だけど、自粛のおかげで気づいたことはたくさんあった。自分からやろうと思えたことこそ楽しんでやれることなのだ、という生き方の原点とか。

工夫しながら、業種を超えて手を繋ぎ合い、できる限り「これまで通り」を続けたい。南房総の波音のような、ゆったりと心地よいリズムで。

「ゆったリズムの相棒には、猫はぴったりだったかも」と、秀行さんは思う。「小さな温もりが、ふわっとそばにいるっていいものだなあ」と感じる日々のなか、千恵さんは気づいた。

私たちがテトを飼うことを決めたというより、テトが私たちを飼い主に選んだんだ。テトだけじゃなく、猫たちは家族を自分で選んでいるのだ、と。

寝起きのテトが可愛いあくびをする。
カリカリと音を立ててご飯を食べる。
楽しそうに生きている。
それだけで、笑顔になれる。

猫との約束

第2話

ずっとずっと
仲よく笑顔で
暮らそうね

笑いを忘れていた

裕子さんの顔にはいつも笑みが浮かんでいる。夫も息子たちも、3匹の愛らしい盛りの子猫たちにまとわりつかれて、口元が緩みっぱなしだ。

この子たちがくる4か月前まで、裕子さんは笑うことなど忘れていた。愛猫たちを、看病の甲斐なく、続けて見送ったばかりだった。

喪った2匹は、急死した親族の家に遺された、生後間もない姉妹猫だった。2匹とも白血病のキャリアで、医師から「3年以上の生存は無理だろう」と言われていた。どれほど奇跡を願ったことか。だが、奇跡は起こらなかった。

日常から、色がなくなった。つらくてつらくて、どうにかなってしまいそうだった。見かねた友人が、近くの保護猫シェルターを教えてくれた。「また、猫を迎えたら」と。

子猫を迎えたら、少しは気持ちが明るみに向かうかもしれない。そう思って、シェルターに連絡を取った。生後2か月くらいの4兄妹が保護されたばかりというので、その中から迎えることにした。

雄猫が1匹と、雌猫が3匹。房総の山間部のインターから町へ続く山道で保護された子たちだった。道の真ん中で身を寄せ合い、恐怖に身をすくませていたという。捨てられたのだろうか、そのまま車道にいても山に分け入っても、命はいずれ尽きただろう。保護時は、目も鼻もぐちゃぐちゃで、助かるかどうか危ぶまれる状態だったそうだ。

裕子さんは、前の子たちのように、姉妹2匹で飼ってやりたいと思ったが、夫は「1匹でいい」と言う。お見合いには、裕子さんひとりが出かけた。

どの子も残せはしない

裕子さんが向かったのは、NPO法人のシェルターだ。

南房総の海辺の猫たちのお世話や保護活動を、夫妻で続けている。

4匹のうち、男の子は譲渡先が決まったところだった。

残るは3姉妹。どの子もどの子も可愛すぎて、1匹だけなど選べない。

2匹を選べば、残される1匹がふびんだ。

迷いに迷う裕子さんに、シェルターの千鶴子さんは言った。

「じゃあ、3匹ともトライアルしてみれば？」

母が連れ帰ってきた3匹を迎えた息子たちは「可愛い、可愛い」と大喜び。夫は、何も言わない。

やんちゃな天使たち

「母さんがいいなら」と、息子たちは3匹受け入れに賛成してくれた。

夫は、妻と息子たちに外堀を埋められてもう仕方ないと思ったのか、3匹ともに迎える条件を裕子さんに出してきた。

「仕事を減らして、3匹の世話をちゃんとするなら」

2匹を亡くしたあと、裕子さんは外回り仕事の受注をうんと増やし、働き詰めることで悲し

みを紛らわせようとしていた。「子猫を迎えたら」という友人の言葉は、そんな気持ちに風穴をあけてくれた。

　こうして、3姉妹は、裕子さん一家の猫となった。

　前髪片流れのキジ白嬢は「愛実《あみ》」、鼻先の黒いキジ白嬢は「紡希《つむぎ》」、背中もキジ柄嬢は「心《こ》愛《あ》」という名となった。

　3匹は、自分たちが自由に遊び回れる部屋を持った。息子たちが使わなくなった3階の卓球室である。

猫がそばにいるだけで

　裕子さんの日常に色が戻った。気がつくと、笑顔も戻った。

　姉妹は、お父さんもお兄ちゃんたちも、大好きだ。帰宅時には、いそいそと玄関に出迎え、我先に「遊んで遊んで」と追いかける。

　長男は、足元にまとわりつく3匹を「踏んじゃうよお」とうれしそうに撫でまわし、いつもこう言う。

「あー、時間がない。こんなことをしてる場合じゃない、学校行かなきゃ。だけど、カワイイ。あと10分だけ。あと5分だけ……」

通学のためにひとり暮らし中の次男は、3匹を迎えてからは、週末ごとに帰ってくるようになった。そして、「帰りたくなぁい」と言いながら帰っていく。

「1匹でいい」と言っていた夫は、可愛いとはけっして口にしない。だが、食事中に膝に乗ってきてもそのままなので、可愛くてたまらないのが、もう家族にバレバレだ。

遊ぶのも、甘えるのも、やんちゃするのも、寝落ちするのもいっしょ。だが、個性はだんだんはっきりしてきた。

愛実は、一番やんちゃで、遊びたがりや。3階から1階までおもちゃを運んでくる。心愛は小柄なのに、食欲旺盛。食べているとき以外はのんびりしている。

紡希は、甘えん坊で、膝の上で眠りたがる。裕子さんが立ち仕事をしていても、自分が眠くなると「座って」と呼びに来る。

長男が家から高速バスで通学しているのも、次男が地元に就職を決めたのも、可愛い妹たちと暮らしたかったからのようだ。

留守番の間は、3匹は3階の自室で過ごす。仕事を終えた裕子さんが迎えに行くと、「撫でて、撫でて」と、こぞって頭をすりつけてくる。まず撫でてやってから、猫トイレの掃除を始めると、「そんなこと、あとにして」と、手にしがみついてくる可愛さといったら。

休日は、猫たちが「遊ぼう遊ぼう」と息子たちの部屋の前で大騒ぎするので、居間で家族が集う時間が増え、会話も笑顔も絶えない。

「あのとき、思い切って3匹ともらってきてよかった」と、裕子さんはつくづく思う。再び、こんなにも愛しいと思える存在を持てたなんて。天国の子たちも、笑顔を取り戻した自分を見て、喜んでいるだろう。

3匹の天使たちは、我が家にしあわせを運んできてくれた。お返しは、これからも、ずっとずっと仲よく暮らして、その一生を見守ることだ。

裕子さん提供

猫との約束
第3話

ひとつ屋根の下
のんびり暮らしていこうね

猫たちはハンデなんて気にしない

良子《りょうこ》さんはいま、4匹の猫たちと暮らしている。みんな、埼玉県の保護団体「またたび家」のシェルターから次々と迎えた。愛しがいのある個性的な面々だ。ついこの前までは、「水吉」というキジトラもいた。背中の大きな、みんなの兄貴だった。

推定6〜7歳のキジトラてつおは、邪気のないおっとり猫だ。ハッカドロップとメロンドロップのように愛らしい両の目には視力がない。

彼は、交通事故で顔面を強打してセンターに収容された。またたび家に引き出されてすぐさま入院。一命を取り戻したとき、視力を失っていた。温和な彼は、仲間たちの毛づくろいをせっせとしてやり、シェルターのみんなに愛されていた。

推定4歳のサバ白のこまは、センター収容時には負傷して衰弱していたが、シェルターで元気を取り戻す。食物アレルギーがあるため、食事管理が必要だ。

原発事故被災地の福島県からレスキューされ、人馴れが進まずにいたシェルターからの預かり猫ミルキーは、紅一点。少しずつ気を許し始めている。

ゴトゴトゴトッ。2階から音を立てて滑り降りてきたのは、推定6歳、キジトラのレオだ。彼は、1歳にならないとき、交通事故の負傷猫として保健所に収容された。またたび家に引き出され2時間もの手術に耐えた。脊椎骨折による下半身まひが残ったため、生涯の介抱が必要だ。

レオは、家猫になって階段降りを覚えた。階段には、下半身すれ防止のマットが敷いてある。床の上の移動は、前足でスイスイとすばやい。

雄猫3匹が仲良く暮らしているのは、先頃旅立った最年長の水吉が誰とも仲良くなれる性格だったからだ。ただし、レオは、新入りの預かり猫が来ると、後ろ半身が浮いて見えるくらいのすごい速さで追いかける。走りっぷりを見せつけたいのかもしれない。

猫たちは、自分のハンデも相手のハンデも、まったく気にしてはいない。

見送った猫へのつぐない

良子さんとまたたび家のシェルター猫との繋がりは、てつおのことを知ったことが始まりだった。「キジトラ、雄、盲目」でネット検索してヒットしたのだ。

子猫の時に拾った盲目の「トラ」を見送ったばかりだった。病状ばかりに気がいって、トラの気持ちに寄りそうことを忘れていた。つらい思いをさせたまま見送ってしまった。同じような境遇の子がいたら、今度はちゃんと寄りそってやりたかった。

てつおに会いにシェルターに行くと、ひざに乗ってきたのが、てつおと同室の水吉だった。

「じゃあ、水吉もくる?」と2匹を迎えた。

水吉には同室で寄りそうキジ三毛の彼女がいたことを、あとで知る。多頭飼育の飼い主急死で、センターに収容された猫だった。大人猫なのに子猫並みに小さく、さまざまな疾患を抱え、やっと生きていた。「残された時間を家庭の温もりの中で過ごさせたい」というまたたび家のブログを読み、水吉のためにもと、その猫クッキーも続けて迎え入れた。

良子さん提供

水吉は大喜び。てつおも兄貴分水吉に負けじと、クッキーを可愛がった。

11か月の穏やかな日々を過ごし、クッキーは良子さんの腕の中で旅立った。

なきがらに、水吉はいつまでも寄りそっていた。

自分にできることはなんだろう

クッキー亡き後、良子さんは、彼女がここに来た意味をずっと考え続けた。家庭の温もりを求めている猫たちのために、自分にできるとは何だろう。シェルターの手の足りなさを目の当たりにしたこともあり、預かりボランティアに手を挙げた。

雌猫を1匹預かり、さらに、ひと月ほど週2回シェルターに通って圧迫排尿の仕方を覚え、自力排尿できないレオを譲り受けた。水吉はレオにもいい兄貴になった。

その後も、シェルターから高齢猫を預かったり、拾った子猫や一時預かり猫を譲渡先に送り出したりと、できることを続けた。

高齢猫を介護して見送った後に、シェルターから預かったのが、ビビリでアレルギー持ちのこまだった。クッキーを亡くしてさびしげだった水吉が、こまと男同士とても仲良くなったので、こまも家猫に迎え入れた。預かり猫ミルキーもやってきた。

誰がやってきてもやさしい兄貴だった水吉は、持病の腎臓のあっという間の悪化で、クッキーの後を追うように旅立っていった。

良子さん提供

ハンデのある子を迎えることは、良子さんにとって「大変なこと」でもなんでもない。気になる子を迎えて、安全や健康により気をつかってあげるだけのことだ。「かわいそう」と思ったこともない。レオなんて、こんなに強気で生きている。

ふつうの猫たちと暮らすのと違う点があるとすれば、自分に何かあってはならないという危機管理の緊張感がいつもあることだ。レオが必要な圧迫排尿は、よほど手慣れた人でないと難しいのだ。

ちゃんと目が行き届く世話をするには、４匹が自分のキャパだと考えている。

猫たちの愛情返し

きょうも猫たちは思い思いに、ひとつ屋根の下、今ある命を楽しんでいる。こまは元気いっぱいに走り回る。レオに追いかけられていたミルキーだが、ふたりの仲も落ちついてきた。水吉亡きあとのてつおは、かなり甘えん坊になった。

どの子も愛されて、楽しくその生をまっとうできますように。またたび家の思いと、良子さんの願いは重なり合う。

「最後まで守る」意志を持って、気配りと愛情を注ぎ続けること。飼い主にその思いさえあれば、きっとどの猫も、その子らしい生を「生ききる」ことができるだろう。寿命の長い短いは、人間の幸福の尺度に過ぎない。

猫たちは、注がれた以上の深く一途な愛情を返す。

そして、たくさんの喜びをくれ、たくさんのことを教えてくれる。

猫との約束

第4話

オレたち、
死ぬまで親友だぜ

「性格はなまる」の保護犬

どちらかと言うと苦手だった犬を、恵理さんが飼おうと思ったのは、3年前の春。当時4歳だった長男のケンちゃんに「自閉症スペクトラム」と「軽度の知的障がい」のあることがわかってきたからだ。犬と暮らすことで情緒が安定する可能性もあると知り、夫と相談して保護犬を迎えることにした。

保護犬サイトで、犬種はともかく性格重視で探した。ちょっとコワそうな顔だけど、「おっとりしてやさしく、はなまるの性格」という犬に目がとまる。連絡を入れ、その犬ジオが参加する譲渡会に一家で出かけた。

ジオは喜んで迎えてくれたのだが……写真で見るよりはるかに大きな犬だった。

肝心のケンちゃんはひいてしまい、お姉ちゃんのレイカちゃんは「いやだ。違う犬がいい」と言い出す。

だが、「せっかく縁あって会いに行ったのだから」とトライアルを申し込んだ。

ジオは、さまよっているところを県の愛護センターに収容され、保護団体に引き出してもらった犬だった。「なぜこんなやさしい子が捨てられるのか」と誰もが思うほどに、人が大好きな甘えん坊だった。

散歩道で子猫発見！

トライアルが始まってすぐ、レイカちゃんは言った。

「ジオでいい」

ケンちゃんは、力加減がわからず、ジオをガッとつかむ。そして、遊んでもらえると喜ぶジオに追いかけまわされる。そのうち、少しずつ少しずつお互いの距離がわかっていった。

困ったのは、ジオのさびしがり。捨てられた体験からの分離不安だろう、恵理さんの一挙一動をじーっと観察。留守番をさせると、おしっこをしていたり、室内を荒らしていたり。必ず帰ってくるという信頼関係を築いて、ようやく解決した。

しばらくして家族で出かけた猫イベントに譲渡会場が併設されていて、そこで出会った保護猫プニを迎える。

2019年9月に台風15号が千葉県を襲った1週間前のこと。散歩の途中、いつもは足を止めない場所で、ジオはなぜか足を止めた。翌日も同じ場所で、またジオはパタと足を止めた。ジオの目の先を追うと、道ばたの草に隠れるように、ガリガリボロボロの子猫がいた。

恵理さんは、この辺りの飼い猫ではないことを近くの家に確認し、子猫を連れ帰った。ノミだらけの栄養失調だったので、ノラ生まれのようだった。

恵理さん提供

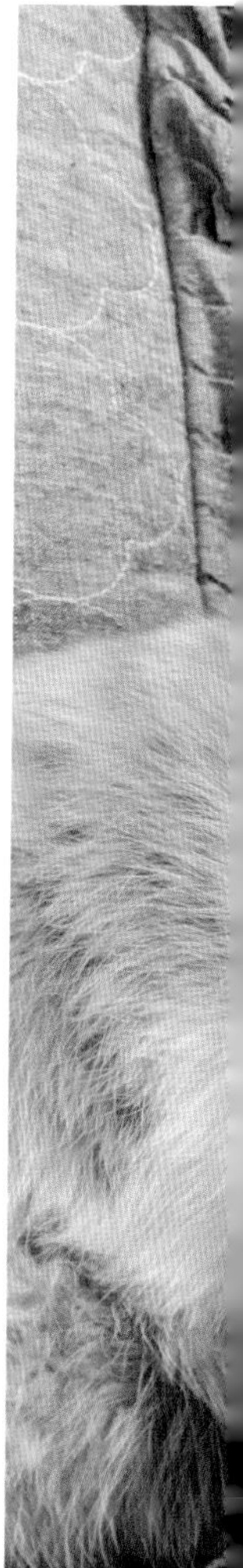

親子から大親友に

自分が見つけた子猫ポニョを、ジオは舐めたり、添い寝したり、転げ合って遊んだり、片時も離れず溺愛して育てた。

ポニョがどんどん大きくなっても、ジオの「ボクの大事な子」扱いは変わらない。昼寝の枕にし合ったり、「食べちゃいたいくらいカワイイ！」とばかり大きな口でポニョの頭ごとパクリとしたり。愛情表現がどんなにハードでも、ポニョもジオが大好きでくっついていた。

パパが、仕事場の建設現場に居ついたノラの子クロを放っておけず連れ帰ったとき、大喜びのジオに、ポニョは怒りをあらわにした。

今では、やんちゃな末っ子クロを、全員で面倒を見ている。家族も犬猫もみんなが仲良しなのだが、ジオとポニョは格別の「大親友」なのである。

言葉にしなくとも

ケンちゃんは動物の触り方がやさしくなり、適度な距離感を保つことも学んでいった。恵理さん夫妻は子どもたちに外でたくさん体を動かしてほしいと思っているので、ジオを連れて自然の中に出かけるのも、毎週末の一家の楽しみになった。

「ジオがうちに来てくれてよかった？」と、あるとき、恵理さんはケンちゃんに聞いてみた。

ケンちゃんは、言葉の代わりにニコッとして、ジオをギュッと抱きしめた。

「うちに来てくれてよかった。大好き。ずっと一緒だよ」は、ジオにはちゃんと伝わっている。

約束は、言葉に出してだけのものではない。

恵理さん提供

ジオも、きっとポニョに、こんな約束をしているに違いない。

「オレたち、死ぬまで親友だぜ！」

猫との約束

第5話

生きて
楽しいことを
いっぱいしようね

天真爛漫な子猫

保育園から帰ってきたユイトくんは、部屋に入るなり、待ち構えていたみーちゃんと遊び始める。みーちゃんは、推定5か月の黒キジの可愛い「おとうと」だ。

みーちゃんは、飛んだり跳ねたり、丸まったり伸びたり、転がったり隠れたり。長いしっぽをゆらゆらさせて、飽きることなく遊び続ける。遊びの合間に、ピカピカの目でじっと見つめてくる。甘噛みしたりすることもある。

「かわいい」

ユイトくんの口から一日に何度この言葉がこぼれるだろう。

甘えん坊でやんちゃなきょうだいができて、ユイトくんは毎日が楽しくてたまらない。みーちゃんだって、同じだ。

ユイトくんとみーちゃんの出会いは、お母さんといっしょに出かけた譲渡会だった。お父さんとお母さんが相談して、ひとり息子のために猫を迎えることにしたのだ。会場に入るなり、ケージの中から手を出してきて、「遊んで、遊んで」と猛アピールしてきた子猫がいた。こぼれ落ちそうな大きな瞳の子だ。

他の猫たちも見ないうちに、ユイトくんは「この子にしよう」とお母さ

んに訴えた。息子が選んだ天真爛漫な子猫に、お母さんも異存はなかった。

ケージの名札には、仮の名として「きせき」とあった。

トライアルの申し込み時に、川越市の保護猫シェルター「またたび家」代表である塩沢美幸さんが子猫の過去を話してくれた。

それを聞いたユイトくんのお母さんはびっくりして、ぽろぽろ泣きながらこころに決める。

「どんな子を迎えても大事にする気持ちに変わりはないけど、この子は、絶対にしあわせにしてやらなくては」と。

命は消えかかっていた

譲渡会から、2か月さかのぼったある日のこと。

1匹の子猫が埼玉県内の保健所に収容された。生まれて2週間ほどの乳飲み子だ。保健所では、捨てられた子猫やノラ母さんとはぐれた乳飲み子や交通事故に遭った猫など、そのままでは生存できない猫を、通報や持ち込みにより収容している。

この子は道ばたに捨てられたのだろうか、母猫とはぐれたのだろうか。

お乳をいったい何日飲めたのだろうか。痩せこけて目はうつろ、ぐったりとしていた。

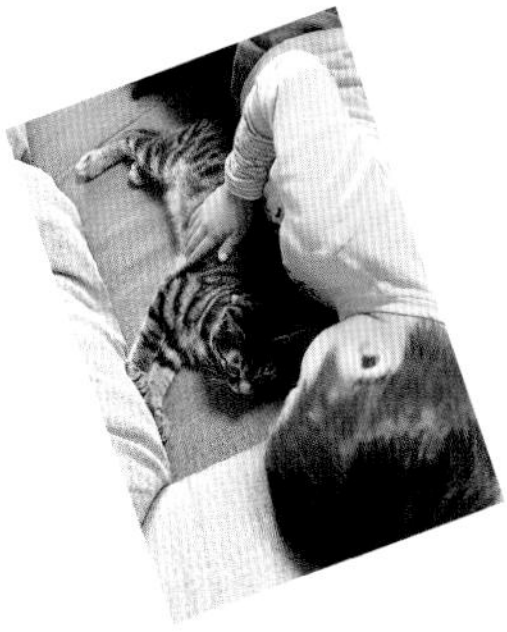

このままでは明日の朝までに死んでしまうと、職員はペットボトルの湯たんぽを作って子猫にあてがい、連絡を取り合っている「またたび家」代表の塩沢さんに知らせた。

塩沢さんはとても手が離せる状態になかったため、職員さんは、車で子猫をシェルターまで連れてきてくれた。

一目見てもう危ないとわかった塩沢さんは、ほかの予定を急ぎとりやめ、すぐさま、保温をしたまま、獣医さんのもとへ。

体温は32・1度、体重は200グラムしかない。

「これは……うーん」と言いながらも、「やれることはやってみます。がんばりましょう！」と、獣医さんは集中治療室に預かってくれた。

あきらめない！

いっときは持ち直すかに見えたが、1週間後、「危篤」の知らせが入る。

駆けつけると、子猫は、もはやピクリとも動かず、瞳孔は開き始めている。これまでに事故重症などの瀕死の保護猫を、必死の手当の甲斐なく幾度となく見送ってきたが、その間際の姿がそこにあった。

「できることはすべてしました。これ以上は…」と言う獣医さんにこころから感謝をし、家に連れ帰ることにした。

連れ帰る車の中で、子猫の息は浅く、ときにカッと大きく息を吸い込んだ。いよいよのときの呼吸である。

だが、塩沢さんはあきらめきれない。

「楽しいこともうれしいことも何も知らずに命が終わるのは早すぎる。生きよう！　生きてしあわせになろう！」

ただそれのみを願い、塩沢さんが夜を徹して子猫のためにしたことは、次の5つだった。

・点滴（脱水しているので）
・ブドウ糖投与（砂糖水やガムシロップでも可）
・暑いくらいの保温（熱を逃がさないようキャリー内で）
・少しずつの強制給餌（乳飲み子にはミルク）
・あきらめない

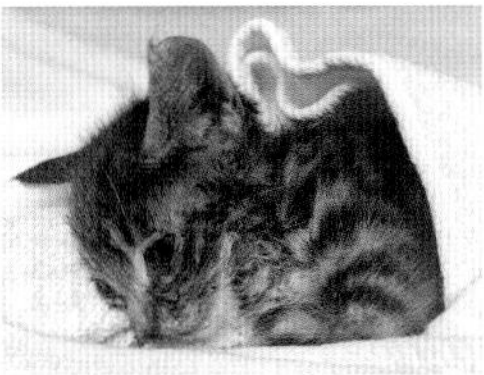

またたび家提供

そして、奇跡が起きた

子猫は、ただただ生きようとしていた。塩沢さんの手当のすべてを受け入れた。

「生きたい」「助けたい」という2つの思いが強く結ばれたとき、奇跡が起きた。

自力で頭を起こしたのは、2～3日後。初めて水を飲んだのは、その数日後。半月後には、目に生き生きとした光が宿っていた。

命をつなぐために懸命に手を尽くした、保健所の職員さんや獣医さんの思いと行動、そして、「生きよう」と呼びかけ続けた塩沢さんのあきらめないこころが、奇跡を呼び寄せたのだ。

元気になった子猫は、「きせき」という仮の名をもらった。シェルターに移動してからは、ほかの保護子猫たちと仲良く遊び回る日々。猫も人も大好きな、好奇心旺盛で活発な子に育った。

生きてくれて、ありがとう

譲渡会の日、愛らしく人懐っこいきせきは入場者に大モテで、トライアル申し込みは何件もあった。

塩沢さんが、このおうちに託したいと思ったのは、きせきのこれまでをお話ししたときに、ユイトくんのお母さんが「大事にしたい」という言葉とともに流した涙を見たときだった。きせきがしあわせに暮らす未来がはっきり想像できたのだ。

生きてくれて、ありがとう。その思いをずっと共有できると、確信したのだった。

お届けは夜になってしまったが、ユイトくんは寝ないで待っていた。着くなり、きせきは、すぐにリラックスしてお兄ちゃんと遊び始め、ゴロゴロゴロゴロゴロと喉を鳴らし続けた。

きせきは、ユイトくんに「みーちゃん」という新しい名前をプレゼントしてもらった。

「命のバトンを最後に受け取った私たち家族も、みーちゃんのように全力でしあわせに生きていかなきゃ」とお母さんは思っている。

生きたかったたくさんの子の分まで、みーちゃんは、命を輝かせて生きている。

愛されることも知らず短い一生を終える子がなくなりますように。

「あきらめない」を胸に、塩沢さんたちの奮闘は、今日も続く。

猫との約束

第6話

ゆっくり
仲よくなりましょ

猫の来店、ひっきりなし

駅から少し歩いた住宅地にある「ペッツアイ」は、ペットフードとグッズのお店。なじみ客の来店も絶えないが、子猫の来店もしょっちゅうだ。

数年前、店長さんのお人柄を見込んだ近隣のボランティアさんから保護子猫の一時預かりを頼まれたのがきっかけで、毎年、預かっては譲渡先につなげてきた。もう50匹以上になる。小学生が拾って持ちこんだ子猫を預かったこともある。

子猫の預かりが毎年続くわけは、捨て猫がなくならないという理由だけでなく、1匹のノラ母さんのせいもある。

彼女は、ゴージャスな長毛の美人ノラとして界隈では有名だ。ご飯はもらってもバリバリのノラを貫いている。警戒心が強く、賢く、絶対に人にこころを許さない。

捕獲機を見つけると、自分は近寄らずに我が子を差し向ける。そして、毎年器量よしの子たちを産む。

毎年子猫に来店されてはたまらないと、店長さんがその道のプロに母猫の捕獲を頼んだものの、太刀打ちできずにいる。

店のスタッフの奈緒さんが、出勤日に、リュック型キャリーに入れて自転車で連れてくるのも、ノラ母さんの産んだ娘「ギラ」。通いの人気看板猫である。

保護子猫たちは、保護後、あっという間に甘えん坊に変身するので、譲渡はすぐ決まる。

最強に手ごわい子猫

だが、この猫は違っていた。

ギラといっしょに生まれた、長毛でないこの女の子だけなかなか捕まらなかった。そのため、半年近く、母さんからみっちりとノラ教育を受けてしまった。「ニンゲンにはけっしてこころを許すんじゃないよ」と叩き込まれた、母さん薫陶の野生児なのである。

店内の大きなケージハウスには、「チロル」という名札とともに「お手を触れぬよう」と大きな貼り紙が貼ってある。中には、ツシマヤマネコのような猫がイカ耳をして固まっている。店長さんの手の甲は傷だらけだ。水やご飯を取り換えるたびに、シャアッとものすごい形相で引っかかれるのだ。いつまでたっても、こころを開くそぶりもない。

そんなチロルを迎えたいという家族がいた。数年前にもここから子猫を迎えた美江子さん一家は、２匹目を希望していた。

チロルに会いに行った美江子さんは、イカ耳の形相ですごまれた。「しばらく待てば、もっと飼いやすい子猫がくるかも」と奈緒さんに言われたが、なぜか他の子をという気にはならなかった。

しばらくして、夫の哲也さんと再びチロルに会いにいったときも、野生児のままだった。

「猫で馴らす」作戦

「この子がなつく日は来るんだろうか」とまで、店長さんは思い始めていた。
それでも気持ちの変わらない美江子さん夫妻を見て、店長と奈緒さんは決めた。先住猫が3匹いる奈緒さんの自宅に連れ帰り、「猫で馴らす作戦」開始だ。
噛みつかれひっかかれ、何とかチロルを家に連れ帰り、一室を専用部屋とした。

面倒見のいい雄猫のロメオと、好奇心旺盛なギラが、さっそく部屋を訪問してきた。
奈緒さんは猫じゃらしをブンブン振り回し、ロメオとギラを思い切りハッスルさせる。「天岩戸作戦」だ。たまらず部屋の隅から出てきて、我を忘れて遊び始めるチロルは、三角だった目が丸くなっている。すぐにギラと仲良くなった。

作戦は、一気に進んだ。人の手にも馴れ、もう譲渡しても大丈夫！　となったとき、美江子さんに連絡すると迎えに飛んできた。

チロルのペースに合わせて、少しずつ

「こんな手ごわい子は初めて」と、譲渡できるか途方に暮れていた店長さんも、大喜び。

奈緒さんも、ほっと胸をなでおろす。外で短い命を終える子もたくさん見てきた中で、縁あってこの店にやってきた子だ。母猫にべったりの日々から、いきなり人間に囲まれての恐怖と戦いながら必死にがんばっていた姿が、いじらしくてたまらなかった。

今も残る手の傷は、チロルの葛藤の痕跡と、一緒に暮らした日々の思い出だ。これが消える頃、チロルは新しい家族にすっかりなじんでいるに違いない。そう信じて送り出す。

チロルを迎えた美江子さん一家は、「ニンゲンとも、先住猫とも、ゆっくりと仲良くなってくれれば」と、おおらかに見守った。

思わぬことに、手ごわいのはチロルではなく、先住のすーちゃんのほうだった。甘えたいチロルを、すーちゃんは全身で拒否した。

それでも、3か月たった頃には、2匹でいっしょにいる姿も見せ始めた。よく食べ、よく遊び、ニンゲンの父さん母さんや祐介お兄ちゃんの後をついて回るチロルは、いまや、ふつうの甘えん坊猫だ。

チロル改め「しま」は、こう思っているかもしれない。

「母さんはニンゲンは怖いと教えてくれたけど、そんなことなかったよ、やさしいよ」

美江子さん提供

猫との約束

第7話

今度は
こころがしあわせになる番だよ
うんとしあわせになあれ

8匹の子を守っていた

とある町で、生まれたての子猫を含めたくさんの猫がいる劣悪な飼育現場にレスキューが入ったのは、真冬のこと。

市の社会福祉課からの相談があって介入したその現場は、生活困窮家庭が暮らすアパートの2部屋。およそ90匹もの猫たちがひしめいていた。

どんどん手術と保護譲渡をしていかなければならない。なかでも、まだ1歳くらいの痩せ細った猫が抱きしめている子猫たちは、すぐに保護する必要があった。うら若い母猫は、自分が産んだ子たちと、もう1匹の出産直後の雌猫が育児放棄した子たちも合わせ、8匹にお乳を与え、疲れきっていた。

レスキューに入った団体で子猫の預りボランティアをしている鶴子さんは、代表から「子猫を8匹保護する」と聞き、「子猫たちのお世話を母猫ができそうなら、母猫とともに引き受けたい」と申し出た。

8匹のうち、3匹は、ミルクボランティアのベテラン石塚さんのもとへ。母猫と子猫5匹が、鶴子さん・さゆきちゃん母子のもとにやってきた。

goens提供

母猫は飼い主から「松子」と呼ばれていたが、さゆきちゃんに「こころ」という新しい名をもらった。「自分が産んでない子まで大事に育てている心やさしいお母さんだから」だ。

母体を休ませなければ

母体に栄養もつき、安心できる環境でこころは子育てに没頭した。

だが、3週間ほどたったある日、パタッとこころの食欲がなくなった。それと同時に子猫の体重の増加もストップしてしまった。

すぐに獣医さんに診てもらうと、こころには発熱と脱水があり、お乳もよく出ていないことが分かった。いっとき、哺乳瓶での授乳に切り替え、母体を休ませなければ。子猫から離して、ケージ内のベッドにこころを横たえたが、ヨロヨロと必死に子どもたちのもとに戻ってくる。

これほど大事にしている子猫と引き離すのは、かなりのストレスになるだろうと、鶴子さんは悩んだ。だが、何より大切なのはこころの命。さゆきちゃんと一緒に、子猫たちを哺乳瓶で育てることに決めた。いちばん小さい子猫1匹は、ベテランの石塚さんに引き受けてもらった。

4匹の子猫たちは、すぐ哺乳瓶に慣れて、体重もみるみる増えた。

こころがさびしくないようにと、ケージの扉は3日目から開けておいた。子猫の鳴き声が聞こえると、こころはふらつきながらケージから出て、子猫たちにお乳をあげようとするのだ。

鶴子さんは、こころの体調を見ながら一緒にさせてやった。

子猫たち卒業。新入り子猫が

2～3時間おきのミルクやりや寝床の掃除など母猫代わりをがんばったさゆきちゃんは、こうつぶやいた。

「こころもたいへんだったね」

鶴子さん提供

こころは順調に回復。やがて離乳もすむと、子猫たちの譲渡先探しが始まった。コロナ禍で譲渡会は開けなかったが、元気に愛らしく育った子猫たちには毎週のようにお見合いが入り、石塚さん預かりも含め８匹全員が、春には卒業していった。

間を置かず、こころたちがレスキューされた現場から、離乳後の子猫が４匹やってきた。介入時には臨月近かった猫もいて、母体への影響を考えて出産させたのだ。

子猫たちは思う存分こころに甘えた。こころも、もう出ないお乳を含ませたり、毛づくろいしてやったり、添い寝をしたり、大忙しだ。

さらに、同じ現場から、離乳後の子猫が２匹。こころは、この子たちのお世話も喜んで引き受けた。その母性愛は、汲めども尽きないようだった。

こうして、こころが現場で育てていた８匹と、鶴子さん宅にあとからやってきた子猫６匹、合わせて14匹の「こころの子どもたち」が、みんな家猫としてしあわせに旅立っていった。

今度はこころをしあわせにする番と、保護に関わったみんなは誓った。

だが、成猫の譲渡先探しは、時間がかかりそうだった。

最後の子を見送ったこころに、鶴子さんは話しかけた。

「こころ、子育てがんばったね。『こころだから迎えたい』って言ってくれる家族をゆっくり待とうね。そんな家族が現れるまで、いつまでもうちにいていいんだよ」

こころは、その日から、ようやく1匹の猫としての自分に戻った。
おなかを見せて転がり、猫じゃらしに戯れ、無邪気にのびのび過ごした。大勢の成猫に混じって必死に生き延びていた子猫時代をやりなおすかのように。

一家全員が一目惚れ

優樹《ゆうき》さん・真実《まみ》さん夫妻は、その日、たまたま譲渡会が開かれている商業施設に、子どもたちを連れて買い物に来ていた。「猫を飼いたい」という機運が一家にはあったので、寄ってみることにした。

会場には、子猫を含め10匹ほどの猫がいたが、真実さんはすぐに、ケージの奥で固まっている灰白の成猫にこころひかれた。うす水色の目が丸くてあどけなく、体もコロンとしている。なんともいえぬ愛嬌があった。その猫のケージのそばで待っていると、ひと通り猫たちを見てきた優樹さんと子どもたちが集まって、口々に言う。
「この猫がいい」

トライアル申し込み時にスタッフから聞かされたこころのこれまでは、想像もつかない過酷なものだった。「しあわせにしてやらなきゃ」という思いが、真実さんのなかでいっそう強まった。

こころを送りだした日、これまでに何匹も送り出してきたさゆきちゃんは、初めて夜泣きした。さゆきちゃんにとって、子猫たちの命を守り抜いたこころは、可愛い妹であっただけでなく、大切なことをまざまざと見せて教えてくれた存在だった。

この子にぴったりの名だからと、名前はそのままになった。

さゆきちゃんから「こころのお姉ちゃん」役をバトンタッチされたのは、彩《さや》ちゃん。さゆきちゃんとほぼ同年齢の彩ちゃんも、こころの子育てに感ずるところが大きかった。自分が産んだんじゃない子もいっしょうけんめい育てたなんて、なんてすごい猫さんだろう！

迎えた季節がちょうどクリスマス前だったので、彩ちゃんは、サンタさんにお手紙を書いた。

「こころは羽根の猫じゃらしが大好きだから、クリスマスにはこころに新しい羽根の猫じゃらしをください」

クリスマスの朝に羽の猫じゃらしをもらったこころは、大喜び。今も大のお気に入りだ。

さゆきちゃんの家には、また、新しい預かり子猫たちがやってきた。別の多頭飼育崩壊現場からレスキューされた子たちだ。

その子たちに、さゆきちゃんはいま、こころ母さんのしたように愛情を注いでいる。

「どの子もしあわせになあれ、うんとしあわせになあれ」と話しかけながら。

猫との約束

第8話

お帰り、チャーハン
もうどこへもやらないよ

畑いちばんの弱虫

湘南で暮らす友さんは、農業をやりたくて、10年ほど前に転職をした。毎日車で通う、あたり一面畑のその場所には、いろいろな猫が棲みついている。文字通りの野良猫である。

1匹の黒猫が友さんになつき、餌を食べに来るようになった。すると、その黒猫にコソコソとついてきて、お余りの餌を食べていく茶白の猫も来るようになった。茶と白と半々の毛色なので「チャーハン」と名づけた。

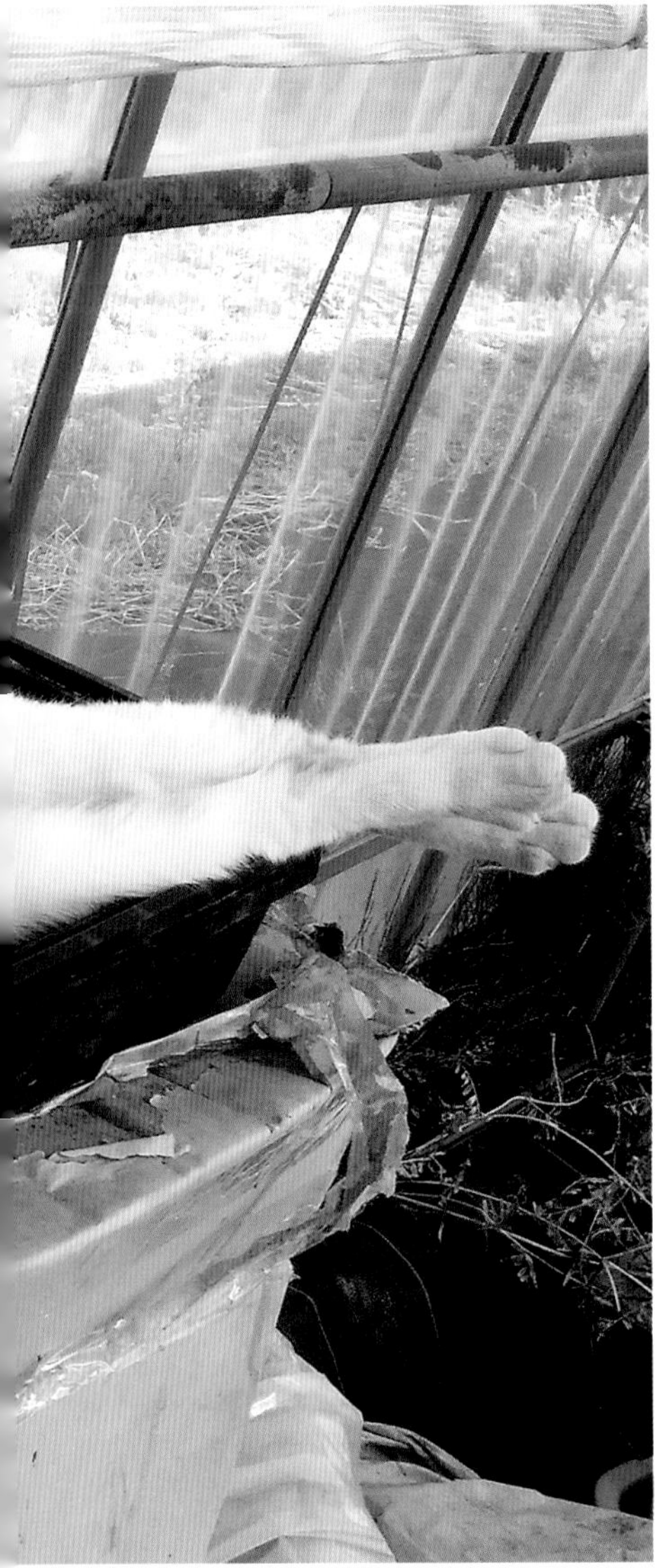

友さん提供

彼は、畑猫《はたけ》の中では、ひときわ大柄だった。そして、いちばんの平和主義者、つまり、いちばんの弱虫だった。ボス猫に追いかけられては、必死に逃げ回る。高い木のてっぺんに追い詰められて下りられなくなっているのを、友さんに助けてもらったりしているうちにこころを許すようになった。

友さんがそばにいると、農具小屋の野菜入れケースの中でお腹を出してくつろぐのが、チャーハンの日課となった。だが、ノラ気質が抜けきれず、撫でようとするとビビって「シャー」と言うのだ。

雨の日に行っても、夜中に行っても、チャーハンは草むらに身を潜めて友さんの車を待っていた。どうも、ボスが怖くて、友さんがいるときしか眠っていないようだった。

熱中症で行き倒れる

毎日畑から「きょうのチャーハン」と写メールを送ってくる夫に、妻のひかりさんは、しっかり釘を刺した。「絶対に家に連れ帰ってはいけません！」

友さんは、これまで、人馴れしている猫や子猫など何匹も畑猫を保護しては、近隣の保護猫カフェの協力で家を見つけてもらった。だが、緊急保護の猫が、すでに家には4匹もいる。5匹は多すぎる。

もう少し触れるようになったら、おうちを見つけてやろう。そう思っていた矢先の7月。パタッと目の前でチャーハンが倒れた。獣医さんに担ぎ込むと、「熱中症」とのことだった。真夏の畑には戻せないと、「譲渡先が見つかるまで」の条件で、家に連れ帰った。大好きな父さんと夜も一緒のうれしさに、チャーハンは、よく食べ、よく寝、ますます大猫となった。

一目惚れされて

SNS上で、「譲渡先募集中」のチャーハンに一目惚れしてしまったのは、鎌倉市に住む久美子さんだ。畑で寝ている姿、保護主さんにフミフミしている姿、ちょっとおデブなところ、なんて可愛いんだろう。

お見合いの日に見たのは、無理やり連れてこられて暴れて逃げる後ろ姿だけ。それでも、「この子と暮らせたら」と胸躍った。

トライアルを開始するや、チャーハンはすぐにタンスの裏に引きこもった。そばに、お水と餌とトイレを置いて、自分から出てくるのを気長に待つことにした。トライアルでの籠城はつきもので、お腹がすけば必ず食べ始める。そう聞いていた。

ハンスト続く

だが、チャーハンは、何日もそこで固まったまま、餌にも水にも口をつけない。友さん夫妻に連絡すると、「チャーハンは食いだめしてるから、１週間くらい食べなくたって大丈夫」との返事だ。

「食いしん坊だから何でも食べる」と聞いてはいたが、とりわけ好きだった食べ物も聞き出し、あれこれ置いてみても食べない。お水だけは、少し飲んでいるようだ。排尿は、押し入れの奥で一度しかしていないようだ。

１週間が過ぎた。９日、10日……。

「これでは餓死してしまう」と、耐えきれなくなった久美子さんは、戻すことに決めた。友さんが駆けつけたのは、トライアル入り12日目の夜だった。この間、チャーハンは、少しの水以外、何も口にしていない。寝姿も見せていない。

タンスの裏に、友さんは呼びかけた。

「チャーハン」

「あ、あ、（父さんが来てくれた）」と夢を見ているかのような目が、友さんを見上げた。

「家に帰ろう」

チャーハンは、久しぶりに友さんに抱き上げられ、おとなしくケージに入った。ギュウギュウで送り出したときに比べ、ケージ内の空間には余裕ができていた。

家に帰ったチャーハンは、よく食べ、よく寝た。


たちまち、今まで以上の甘えん坊の大猫になった。

新たな出会い

チャーハンには幸い、健康にダメージはなかった。だが、猫にとって絶食は、たった3日でもとても危険なことだった。

太った猫に多いのだが、3日〜7日くらい食べないと、脂肪が沈着して肝臓に決定的なダメージを与えてしまう「肝リピドーシス」を発症しやすい。「太っているから大丈夫」は、とんでもなかったのだ。

ただ、たいていの猫は、籠城してもご飯は食べる。チャーハンは、ただただ家に帰りたかったのだ。

友さん提供

「そんなにまでうちの子でいたかったのか。もうどこにもやらない。生涯愛するよ」と、友さんとひかりさんはチャーハンに固く約束した。

チャーハンに去られ、こころがぽっきり折れてしまった久美子さんには、ほどなく「保護猫の一時預かりをしないか」と声がかかる。路上をさまよっていた10歳くらいの雄の黒猫で、猫エイズのキャリアとのことだった。

黒猫が苦手な息子が「預かりならいいよ」というので、引き受けることにした。

その猫は、やってきた日からご飯をペロリと平らげてくれる。

「ここに来てうれしい」とばかり甘えまくる。

帰宅時には熱烈歓迎してくれる。

久美子さんのこころはとろけた。

息子も「可愛い、可愛い」と連発。即、もらうことに決めた。

黒猫は「くろず」という名になった。ソファーが鼻水だらけになろうと、半眼の寝顔がブサイクだろうと、「可愛くて可愛くて」と、家族から溺愛されている。

かくして、2匹の猫はそれぞれに一途を通し、「我が家族」を得たのだった。

久美子さん提供

猫との約束

第9話

まあ
お互いに
自由にやりましょう

絵と猫の好きな少年

ミクオ少年は、絵がうまかった。

中学1年のとき、水彩絵の具と間違えて母が油絵の具を買ってくれたことで、夢中になって油絵を描き始めた。

2年生になると、新しい図工の先生がやってきた。

「あの子は絵ばかり描いて勉強をしない」と担任から聞かされたその先生は、「どんな絵なのか見てみよう、持ってこい」と、ミクオ少年に声をかけた。

リヤカーで運ばれてきたたくさんの絵を見た先生は言った。「絵を学校中に並べてみようじゃないか」

古いテントや米袋をもらってキャンバス代わりにしたり、ペンキを代用絵の具にしたりして描いた新作も加えた学内個展は、大反響だった。

絵のためならどんなアルバイトもやったので、とうとう小児結核になってしまう。死んでしまうのならと、ますます絵に没頭した。

大工の父は、結核になった息子のために、木工所の屋根裏をアトリエにしてくれた。古い窓ガラスにも、少年は絵を描いた。朝陽に輝くガラス絵は宝石のように美しかった。アトリエでいつもそばにいた「腹心の友」は、1匹の黒猫だった。猫嫌いの父は、その猫を嫌っていた。

近くの河原や道ばたで、よく捨て猫を拾っては、父に叱られ、泣きながらまた戻しに言った悲しみは忘れられない。

捨てにいくたび、少年は猫に誓った。

「ごめんよ。おとなになったら、絶対に猫をたくさん飼ってやる」

名声や俗世から離れて

15歳で、ある学生油絵コンクールに入選したのを皮切りに、ミクオ少年は、数々の賞を獲り続けた。病気も癒えて、美術大学を卒業後は、ローマに留学した。

帰国後も、華やかな賞を次々と受賞する。石版画・銅版画・板絵・彫刻……と、創作世界は無限に広がっていった。

ある美術評論家は「戦後最大の才能」と評した。

房総半島の田んぼに囲まれた小高い丘の上にアトリエを持ったのは、45歳のときだった。派閥争いやら権威主義にとっぷり浸かった中央画壇にも、上手く描けているだけで「描く喜び」のない絵が巷に溢れていることにも、つくづく嫌気がさしたのだ。

この地で、自由に楽しく絵を描いていこう、と決めた。

「猫」1957年

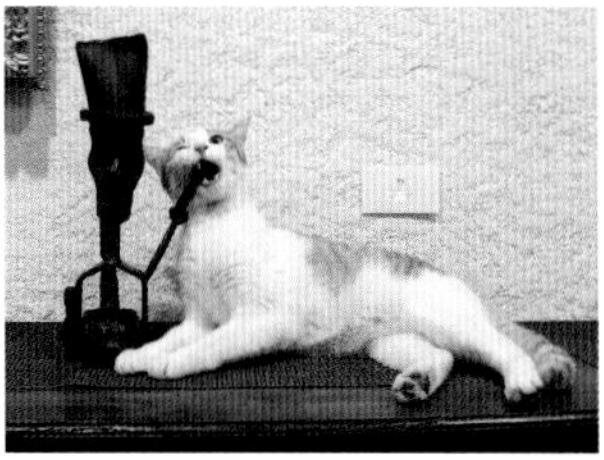

61歳のとき、自宅アトリエの一部を美術館として開放した。自由を、芸術を、平和を心から愛する人たちに集ってもらいたかった。若い画家の発表の場も提供したかった。

少年は、いま、84歳になった。

18年前に、仲間の画家たちと「猫ねこ展覧会」を企画したのが、思いのほか楽しくて、以来、毎年の企画展示となっている。

寄せられる作品は、全国から３００点あまり。絵画、工芸、人形、彫刻、写真……さまざまに趣向を凝らした猫愛溢れる作品が集まってくる。

サロンで、「なんて猫バカなんだろう」とお互いに呆れながら交わす猫話が、コノキ画伯には、愉快でたまらない。

美術館館内でも庭でも、猫たちがゆうゆうと歩き回っている。

そう、ミクオ少年が、捨て猫と交わした約束は、叶ったのだ。門前に捨てられていた白猫ミーちゃんが、美術館猫の初めだった。いまは、２代目の白猫ミーちゃん含め、10匹の猫たちと暮らしながら、絵を描いたり、立体作品を作ったり、ときには詩作も楽しむ。飽かず没頭できる好きなことがあり、そばに猫がいれば、人生はこの上なく芳醇だ。

猫との約束

コノキミクオ

猫さんよ
君は最近　そ知らぬ顔して　つれないね
足音立てずにそーっと　隣においでよ
煙のように　身をくねらせて

戻っておいでよ

こっそり　曲がった尻尾を伸ばしてあげると
約束したじゃないか
おいでよ　おいで
面白く僕と暮らすと
ハイタッチ　したじゃないか

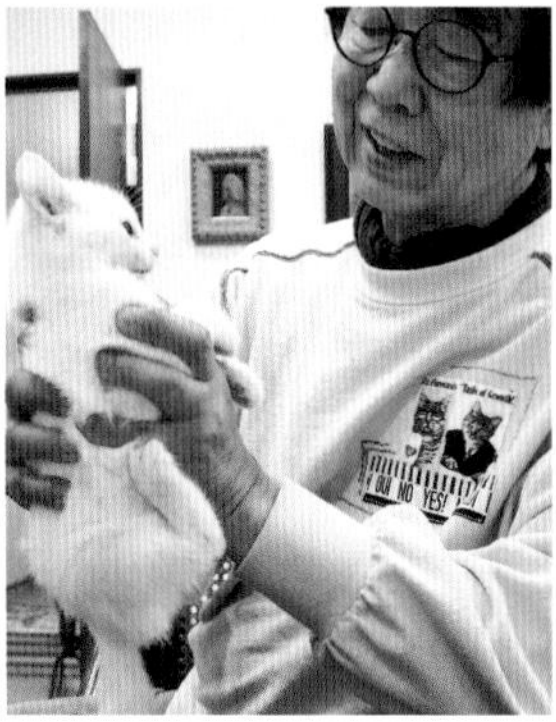

猫との約束

第10話

不幸な猫を
もうけっして増やさない！

猫たちを巡る青空会議

青空が広がる日曜日。地区の原っぱに人々が集まってきた。町内のこの班に住む人たち、市の保健所職員、町の環境課の職員、そして、みかさんもいる。この班内では、数年前から猫があふれていた。ほとんどが未手術だ。多頭飼い、外飼い、外で餌だけやり続けている人……どの子が飼い猫かノラなのか、わからない状態だった。

保健所の女性所員が、他住民の苦情を受けて、飼い主と思われる住民たちを何度か訪ねて回ったが、らちがあかなかった。

そこで、「猫たちをどうするか」の青空会議が開かれたのだった。その場を設定したのは、保健所・環境課・ｇｏｅｎｓ（ごえん）だった。「ｇｏｅｎｓ」は、社会福祉活動として、外猫の保護活動を続けている団体で、みかさんが代表をつとめている。

さっきからみんなの足元をウロウロしている黒猫は、会議の行方が気になって、外猫の代表として参加しているつもりらしい。

２週間後の日曜日の朝。原っぱに再び人々が集まってきた。環境課の職員たちがテントを設営し、設置済みの捕獲器の回収をした。

goens提供

大きなボス猫、おとなしい長毛の猫、警戒心バリバリの猫、まだ幼さの残る猫……いろいろなタイプの猫が捕獲された。

班長さん宅の離れに集められ、翌朝には協力医院で手術。譲渡できそうな子は、ｇｏｅｎｓから送り出す。ＴＮＲで地区に戻す子は、班全体で終生の面倒を見ることになる。

地域の猫たちの今後をみんなで話し合う「青空会議」は、おそらく全国でも初めての試みだった。だが、これは、まだひとつの試みに過ぎないし、行方を見守らなければならないと、みかさんは思う。

猫は苦手だったのに……。


こんなにも猫たちのために奔走する人生になろうとは、みかさんは思ってもいなかった。

犬や猫は苦手だったのに。

きっかけは、高校生だった息子が友人からもらった子猫を、自分の部屋でこっそり飼っていたことだった。

「戻してきて」という母に、息子は言った。

「もう戻すことなんてできないよ」

しぶしぶ目をつぶったが、子猫に触ることもできなかった。

だが、子猫は無邪気に甘えてくる。

気がつくと、「いとしい」と思う気持ちが湧いていた。

繁殖現場や捨て猫などの酷い現状を知っていくと、いてもたってもいられなくなった。自分にできることは何だろう?

世の中はご縁でつながっている。ひとりからの始まりだったが、
やがて、同じ思いの人たちと「goens」を作った。
「自分にできることを手伝いたい」と手を挙げてくれる人が増えていった。保護子猫のいのちをつなぐミルクボランティア、一時預かりボランティア、運搬ボランティア、捕獲や譲渡会の

goens提供

お手伝い、多頭飼育崩壊現場介入後の掃除など、がっちりチームを組んでこそ、活動は続けられる。小学生や中学生の子どもボランティアも活躍してくれている。

goens提供

毎日ＳＯＳが入ってくる

みかさんの暮らす県は、山村部や漁村部も多く、未手術猫の外飼いも多い。毎日のように、捨て猫や多頭飼育崩壊などのＳＯＳが入ってくる。

その背景には、飼い主の貧困、老い、病気、社会的孤立などがある。駆けつけて猫を保護するだけという尻ぬぐい的な活動では、追いつきはしないし、なんの根本的解決にもならない。

ｇｏｅｎｓの活動方針は、行政や福祉や警察ともしっかり連携して、現場に入ることだ。連携すればするほど、介入する現場は増えていく。

飼い主が追い詰められていく現場を作らないよう、日頃の生活相談に乗ったり、猫を保護した後もフォローが続く。

保護も、譲渡しやすい子猫だけではない。病気を持ったおとな猫だったり、老猫だったり、体にハンディーがあったり、人間にトラウマを持っていたりする。保護は、猫のトラウマや病気と向き合うことでもある。

だが、みかさんは、そんな猫を保護できるたび、「ああ、救えてよかった」と思う。飼育崩壊現場や外にいたら、愛されることを知らず、短い一生を終える子たちだった。

そして、いいおうちを見つけようと、スタッフ一同、張り切るのである。どの子もどの子も可愛さに変わりなく、平等にしあわせになる権利があるのだ。

そんな思いが響きあって、ｇｏｅｎｓの譲渡会では、おとなの猫も猫エイズのキャリア猫も、しあわせな縁を見つけて巣立っていくという、いい流れができてきた。

それぞれの巣立ち

トムは、「狂暴猫だから、山に捨ててきて」と飼い主が知人に頼んだ猫だった。そのことで多頭飼育崩壊が発覚し、保護されたときのトムはすでに10歳を超えていた。狂暴なのではなく、ひもじくて必死なだけだった。

ｇｏｅｎｓの譲渡会で終生の家族を得たのは、15歳のとき。ガリガリだったトムは、ふっくらトムとなり、穏やかな老後を過ごしている。

子猫のなきがらも転がっていた多頭飼育崩壊現場から、いのち尽きる寸前に救出された子猫たち、うっしー・モカ・ラテも、ミルクボランティア預かりを経て、いいおうちが見つかった。亡くなった仲間の分も、元気に生きていく。

ひとり暮らしの飼い主が倒れて数日後に発見された家の猫たちは、みな猫風邪をこじらせていた。

手当は尽くした上で、この先も軽い諸症状と付き合っていくことになるだろう子たちの譲渡先探しが始まった。口の中の炎症込みで、「かわいい、かわいい」と若夫婦に迎えてもらった、まるも。鼻炎もその子の個性とおおらかに迎えてもらった、すず。ビビリの、ローズ。臨月で保護されて、子猫も自分もおうちを見つけた、さくら。競うようにしあわせをつかんで巣立っていく。

マリーは、拾ってくれた男性ががんで余命わずかとなってしまい、行き場がなかった。

マリーを預かり、飼い主が存命のうちに新しいおうちをと願った獣医師は、ｇｏｅｎｓの協力医のひとりだった。譲渡会に参加したマリーのトライアルが始まった日、飼い主は、静かに息を引き取った。マリーは、いま、新しい家族と元気に暮らしている。

青空会議の地区で保護された子たちも、次々と巣立っていく。長毛でおとなしいキキは、ひとり暮らしの独身男性にひとめぼれされて、大切にされている。会議に参加した、あの黒猫も「ショコラ」というおしゃれな名をもらって、先住猫と仲良く暮らし始めた。

goens提供

goens提供

猫エイズキャリアの白い大猫キンちゃんは、ボランティアとして初めて譲渡会場に手伝いに来た若い女性にすっかり気に入られ、家族になった。相思相愛の日々を送っている。

猫たちの瞳に応えたい

こうして保護して送り出しても、送り出しても、悲惨な現場からのＳＯＳは続く。

みかさんのこころは、毎日毎日悲鳴をあげてつぶれる。救えなかった子を想い、涙が止まらなくなる。もうやめたいと、毎日のように思う。


だけど、人間たちの身勝手につぶされたこころを膨らませてくれるのは、猫たちだ。


捨て猫や飼育放棄猫たちの目は不安に溢れながらも、「生きる」ほうの明るみをひたすら見つめている。預かり先で安心すると、その目は丸く穏やかな目になっていく。おうちが決まると、愛される自信に満ちた目になるのは、どの子も同じだ。

譲渡先から送られてくる動画や写真のその子たちの姿は、生きる喜びに満ち溢れている。

仲間たちも、猫たちを迎えてくれた家族も、みかさんが前に進む大きな力を注いでくれる。

そう、みんな、「しあわせにするよ」と猫に約束をした同志たちだ。

「人も猫もしあわせに」

その揺るがないビジョンがある限り、どんなにつらくとも、前に進んでいけるはずだ。猫との約束を破るわけにいかない。

センターから引き出したばかりの子猫カノアは、左前足に深い噛み跡があって、断脚となったが、その瞳は明るみしか見つめていない。飛んだり跳ねたり走り回ったりするには、３本脚で足りないことはない。天真爛漫なこの子にも、きっといいおうちが見つかるだろう。

猫たちに教えてもらうことは、空の星のようにあまた輝いて、数えきれない。

goens提供

猫との

いろいろな約束

真由美さんからまるたちへ

うちはお金はないけど、
寝床もご飯もあるし、病院にも連れていくし、
最後までちゃんと看るから安心してね

ゆうごくんからレモンくんへ

ボクより先に
おじいちゃんに
なっちゃだめだよ

豊さんから弥勒へ

俺の小遣い、無駄遣いやめて
弥勒のために使うよ。
いたずら、
いっぱいしていいからね

佳代子さんからミウへ

いつかいっしょに
ドライブに行こうね

光子さんからノワールへ

私よりは長生きしないでね。
ノワちゃんをあとに残すなんて
心配でたまらないから！

茂さん・由美子さんからあずきちゃんへ

ずっと一緒に暮らせるよう
健康に気をつけて
元気でいるよ

かよこさんからうーちゃんへ

うーちゃんを失って
笑うことも忘れてしまったけれど、
遠い町で保護された猫を迎えて
「笑《えみ》」という名にしたよ。
どんなときにも笑って生きていくよ

猫との
いろいろな約束

寿摩さんからゆずちゃんたちへ

この海辺の家で、
みんなで穏やかに暮らそうね

れいなちゃんからあずきくんへ

ずっとずーっと、
ちょび髭の可愛い
元気な弟でいてね

由里さんからルルちゃんへ

もしお父さんとお母さんがいなくなっても、
ずっと見守っているからね。
お兄ちゃんたちと仲良く暮らすんだよ

やすらぎさんからミケちゃんへ

ノラ時代のミケちゃんが暮らしていた
この町を、人も猫も暮らしやすい町に
みんなでしていくよ

美津子さんから虎之介へ

そのゴールドの毛並みを
毎日撫でてあげるから、
金運アップさせてね

まどかさんから麦生くんへ

そのネズミ離したら、
あしたマグロ買ってくる！

けんじさんからチーコへ

俺、きょうからタバコやめる。
お前のために

貴子さんからネコへ

ロンドンから連れてきちゃったけど、
日本の田舎暮らしを楽しもうね

猫との約束

第11話

母さんも
子どもたちも
みんな屋根の下で
しあわせにおなり

やるっきゃない

「子猫がそこを歩いてたよ」と、庭から部屋へ戻った夫が言う。眞利子さんは、娘の陽子さんといっしょに庭に出てみた。

母猫らしき猫が隣家との境界の石垣から、一瞬顔をのぞかせた。見かけたことのない猫である。どこかから流れてきたのか、鼻の頭のはげたノラ顔で、小柄な痩せた猫だった。

そっと石垣の向こうをのぞいてみた。さっきの猫は、石砂利の上に身を横たえ、3匹の子に乳を含ませていた。

そのげっそりと疲れきったようすに、眞利子さんは胸を締めつけられた。

「このままでは、子猫たちは育たない。母猫も心配。やるっきゃない」

眞利子さんは、娘とともに、すぐに母子一斉の保護を決めた。

4月の連休前のことである。

餌やりだけで済ますつもりなどなかった。

家には、すでに犬1匹、猫3匹がいる。駅前をうろついていたのを保護した老犬モモ。捨て猫だったのを譲り受けたゴン太。雪の残る日に、近くの林で保護した黒猫ユキ。捨てられていた子猫4兄弟のうち1匹家に残した風太。

みな「目の前に現れた縁」で迎えた、行き場のなかった子たちだ。

おびき寄せ作戦

眞利子さんの母、きよ子さんも一斉保護にすぐに賛成。夫と息子は「見守り隊」に回った。

さあ、捕獲大作戦開始だ。保護経験は数えきれないが、今回のノラ母さんは、人を寄せつけないバリバリのノラだった。子猫たちも、母さんを見倣って、逃げ足の速いことといったら。

すぐに「お宅の裏に子育て中の猫がいる」と、親しくしている隣家に知らせ、「うちで餌づけして４匹とも保護しますから」と伝えた。

まずは、自宅敷地内に餌でおびき寄せなければ。捕獲は一斉にしないと、残った猫に警戒心を与えてしまうし、母子離れ離れは可哀そうだ。

庭に餌皿を置くが、目の前では食べず、いつのまにか、皿が空になっている。

母猫は、子育て場所を何度か移動した。眞利子さんたちは、屋上から双眼鏡で空き地や空き家に母子の姿を確認。そのたびに、近くの家に「うちで保護するために餌づけをしています」と言いに行き、追い立てないよう頼んだ。

猫を好きな家も嫌いな家もあったが、「そうしてくれるなら、うれしい」と、周囲一帯が見守りを約束してくれた。

母猫は、けっして触らせはしないが、近くで餌を食べるようになった。「お代わりする？」と聞くと、ウインクで答える。

餌場を庭先から物置の入り口近くへ。そして、少しずつ奥へ。作戦はあと一歩。だが、母子は交替で中に入り、子猫が食べているときは、母猫は外で見張るという用心深さだ。

5月の夜明け前。裏の家の畑で子猫の必死な鳴き声が響いた。

飛び起きて駆けつけると、ニガウリの鳥除けネットに子猫が足を絡めている。暴れたせいで、ネットはぐるぐると固く足を締め付けていた。

ハサミを取りに走り、着ていた上着を子猫の頭からかぶせ、ネットを切って助けた。挟まれた足は冷たくなっていて、危ないところだった。母猫は、残る子どもたちを危険から遠ざけるためだろう、近寄らない。

畑の持ち主は猫が苦手な家だったが、保護することを伝えてあったので、ネットを切ったことも事後承諾で済んだ。

作戦大成功！

子猫を1匹保護したからには、きょうこそ練習を重ねた作戦実行だ。

しばらくして母猫だけが物置に餌を食べにきた。物置の入り口は猫が入る幅だけ開けてある。母猫が奥に入るのを2階から確認した眞利子さんは、庭に潜む陽子さんに合図を送る。

「今よ！」

陽子さんは、手中のひもを引っ張った。ひもの先は、物置の引き戸に大きな洗濯ばさみで挟んであって、戸はカラカラと閉まった。上のほうは段ボールで塞いである出口にケージを構え、猫の幅だけ開けると、母猫が飛び出してきて、みごとにケージイン。すぐに、室内の大きなケージハウスに保護している子猫のもとへ。

午後には、残る子猫2匹も、同じ方法で同時に捕獲。4匹は、ケージハウスで合流して安心したのか、パニックにはならなかった。

子猫たちは、先住猫のゴン太おじいちゃんや風太お兄ちゃんに遊んでもらい、人にも馴れてきた。

子猫たちの譲渡先が見つからない場合は飼う覚悟の保護だった。譲渡するにしても、見知らぬ人に渡して、その後を聞けなくなるのは避けたい。家族がそれぞれ知り合いに声をかけて、3匹ともいいおうちが見つかった。母さん猫は最初から手元に残すつもりだった。

巡り会ったいのち

眞利子さんも陽子さんも「犬であっても猫であっても、目の前に現れた行き場のないいのちを保護するのは、ごく自然なこと。ふつうの家族が、ふつうのことをしたまで」と思っている。

「来るもの拒まず」「縁を大切に」は、きよ子さん譲りのモットーなのだ。

母子一斉保護の実行部隊は、眞利子さん・陽子さん母娘だったが、手ごわい母猫の「懐柔」という仕上げの役割をしっかりと受け持つのは、祖母のきよ子さんだ。

タマという名になった母猫は、きよ子さんのゆっくりした動作が安心できるらしく、きよ子さんの部屋を「マイルーム」としてくつろぎ始めた。

食いしん坊で、ご飯を要求する声にも甘えが出てきた。

タマが安心しきって食べるそばで、「おいしいかい、いっぱいお食べ」と、きよ子さんは目を細める。

86歳のきよ子さんは、若くして夫を亡くし、学校の用務員として働きながら、眞利子さんたち3人の子を育てあげた。定年後にようやく自分の時間を持てるようになって楽しんでいるのが、日本刺繍だ。

窓辺で針を刺すきよ子さんの足元に、同じく懸命な子育てを終えて穏やかな日々を手に入れたタマは、そっと寄りそう。

「そのうち、布団で一緒に寝てくれるでしょう。ふふふ、とっても楽しみ」

そう言って、きよ子さんは微笑んだ。

猫との約束

第12話

そこにいてくれるだけでいい
長生きしてね

駅前の小さなお店

　とある駅を降りてすぐの、小さな商店街の入り口の、小さな珈琲豆店。閉店後のウインドウに、猫の影がある。濃い三毛のその猫は、飽かず、駅前を行き交う人々を眺めている。
　猫の影に気づいて、そーっとガラスをトントンする人がいたら、猫は窓辺のカウンターの上で、ゴロンと甘えたポーズになる。

　猫の名は、ミー。住まいは店の奥で、店内と扉でつながっている。開店中は店に出てくることはめったにない。たまに奥から顔をのぞかせて猫好き客に見つかり、「あ、猫さん」と近づかれるや、たちまち店の奥に引っ込んでしまう。
「ごめんなさいね、愛想が悪くって。閉店後のガラス越しだと、なぜかなつっこいんですけどね」と、ひとりで店を切り盛りしている和子さんは客に謝る。

　自家焙煎珈琲が２５０円。アイス珈琲が３００円。ホットドッグが２００円。この値段は、開店したときと大して変わっていない。なじみ客がふらりと入ってきて、軽い世間話を和子さんと交わし、コーヒーを飲んで帰っていく。

193グラムの子猫

駅前が駐輪場と原っぱだけだった32年前に、家業のたばこ店をやめて珈琲豆店を開いたのは、和子さんの夫だった。うんと年の離れた夫と結婚して、和子さんも珈琲豆店を手伝うようになった。

夫は、大の猫好きだった。夫婦で飼った最初の猫を見送った後、猫のいない暮らしがさびしくて、かかりつけだった獣医さんに「どんな子でもいい、子猫がいたらもらいます」と頼んだ。

ある雨の日、連絡が入る。通勤途中の会社員が、道ばたで雨に打たれて鳴いている子猫を見つけ、「このままでは死んでしまう」と、動物病院に持ち込んだばかりだった。

もらいに行った子猫は、たったの193グラム。「これ、ネズミじゃないの?」と、夫と顔を見合わせたものだ。

スポイトでミルクをやって育てた。「おしっこ出て、いい子ねえ」とほめていたら、娘は呆れて言った。「おしっこしただけで、猫ってこんなにほめられるんだ」

ミーと名づけた子猫を真ん中に、いつも笑っていた日々だった。

ミーがいてくれたから

そんな平和な一家の生活が暗転したのは、ミーがやってきて1年たとうとする頃。

夫に、ステージ4のすい臓がんが見つかった。

つらい抗がん剤治療をしながら、入退院を繰り返した10か月。夫は、どうしようもない苛立ちを、ときに、娘やミーにぶつけることもあった。それでも、大好きなお父さんの最後の日々に、ミーはそっと寄りそった。

夫が旅立ったとき、娘はまだ高校生だった。ふたりで、いったいどうやって生きていこう……。心細くて、不安で、まるで先が見えなかった。

あの絶望の日々を乗り越え、今こうしてお店を続けていられるのは、ミーがいてくれたからと、和子さんは振り返る。

「猫が1匹、家の中にいるだけで、ただそれだけなんだけど、家の中を明るくしてくれたんです」

あるとき、客の一人が和子さんに聞いた。

「ミーちゃんって、和子さんにとって娘みたいなもの？」

和子さんは明快に答えた。

「ミーは、同志かな。一緒に人生を乗り越え、歩んでいく同志！」

ミーに元気をもらう人たち

お店は10時にオープンだ。ミーは、開店前の忙しいときに限って甘えてくる。片手間に撫でようものなら、「気持ちが入ってない！」とばかり、猫パンチが飛んでくる。

「ミーちゃん、お母さんはミーちゃんのご飯代やトイレの砂代を稼ぐために働いてるんだよ」

そう言い聞かせても、素知らぬ顔だ。

社会人になった娘はこう言う。「お母さんはミーちゃんにとってもやさしく話しかけるけど、お客さんにもその話し方をするといいと思うよ」

サバサバな和子さんの接待と、コーヒーの味に惹かれて、きょうも、客がふらりと入ってくる。「ミーちゃんは元気にしてる?」と聞く人も多い。


閉店してドアが閉まっても、この店はシャッターを下ろさない。夕暮れ、深夜、明け方、朝の通勤時。ミーは、気が向いた時間に、ガラス越しの町の景色を楽しむ。

「ミーちゃん、ただいま。きょうは暑かったね」

「ミーちゃん、まだ起きてたの。もうおやすみ」

「おはよう、ミーちゃん。行ってきまーす」

通勤や通学、買い物や散歩の人々など、ガラス越しにミーに元気をもらっている人がたくさんいるのを、和子さんは知っている。こわもてのおじさんがミーに目尻を下げて話しかけているのを目撃したこともある。

小さな店だけど、まだまだこの駅前でがんばりたいと、和子さんは思う。同志ミーとともに。ミーは、ただそこにいてくれるだけでいい。

猫との約束

第13話

老後は任せて！

波乱の猫生

海辺の家の、窓から差し込む光の中で、マリはうとうとしている。周りでは若い猫が千鶴子ママに甘えたり、ここのボス猫のクマの周りに集まったりしてにぎやかだけど、最近耳が遠くなったマリの眠りを妨げることはない。あっちの部屋には、また子猫たちがやってきたようだ。

マリは、ここでの暮らしがけっこう気に入っている。

この海辺の町で、マリは、ずいぶんと年を重ねた。そう、13年前に、突然海辺に捨てられてから。

あの頃はまだ若かった。こころ細くて、さみしくて、どう生きていこうかと思っていたら、漁港の猫たちが仲間に入れてくれた。ご飯も毎日運んでくれる人がいたし、漁師さんたちもやさしかった。細かった彼女は、丸々した猫になった。

ある日、一匹の雄猫がこの浜に流れてきた。顔に歴戦の傷跡が無数にある大きな猫で、たちまち浜の猫を仕切るボスになった。どこか憎めない彼を、市場の海産物店や食堂の人たちは「ボス」と名づけて可愛がった。

マリは彼と、恋におちた。ふたりともこの地で手術を受けたから、プラトニック・ラブだったけれど。彼とマリは、潮風の中をいつも連れそって歩いた。市場の人たちは、ふたりを眺めて言った。「さすがボスは見る目があるねえ。マリちゃんはムチムチのいい女だもんね」

彼との甘い日々は、2年しか続かなかった。それまでの放浪生活で、彼の体はもうボロボロだった。冬に入る前に、ひどい風邪をひき込んだ。そして、ぷっつりと姿を消した。マリは何日も何日も彼を探し回った。

しばらくして、マリは、彼のあとを引き継いで女ボスになった。手足が太く、顔も大きなマリが浜を悠然とのし歩く姿は、遠くから会いに来るファンを作るほどカッコよかった。

そんなマリにも、老いが忍び寄ってきた。市場内にねぐらは作ってもらっていたが、2度の台風が吹き荒れたあとの初冬にすっかり体調を崩してしまった。

「そろそろ外暮らしはきついかな」と、抱きかかえて家に連れていってくれたのが、千鶴子さんだった。

海辺のシェルター

千鶴子さんが亡き母のあとを継いで、海辺の猫たちの世話を始めたのは12年前だった。自宅はシェルターとして開放し、捨てられた子猫や、病弱の猫、老いて外では暮らせなくなった猫などを迎え続けた。子猫たちは譲渡先を見つけるが、病気の子や老猫は、終生の面倒を見る。釣り人が捨てた釣り糸を飲み込んで緊急手術をした猫もいたし、疾患をいくつも抱えた猫もいた。

やがて、夫の重男さんとともにNPOを立ち上げ、敷地内に、獣医さんに来てもらって外猫手術などのできるプレハブの病院も建てた。

嵐の日も暑い日も寒い日も、海辺やシェルターの猫たちのためにこころを砕き続ける千鶴子さんの一番の喜びは、保護した子猫の家族が決まること、海辺の猫たちがおいしそうにご飯を食べること、シェルターの猫たちが穏やかに暮らすこと、少しずつ地域の理解が増えていくことだ。

シェルターは、原則、外で暮らせない猫のためなのだが、例外が3匹いる。クマとさっちゃんとカナだ。

クマは、ある日、餌場に突然現れた長毛の大猫だった。ひと目で流れ者とわかったが、その風格はあたりをはらうほどだった。

餌場に加わった彼を、去勢手術して一晩家に泊め、海辺に戻したその次の朝。クマが、餌場にいた雌猫2匹を引き連れて家まで戻り、塀の上にいるではないか。餌場は家から遠く離れていて、移動はいつも車だというのに、どうやって訪ねあてたのだろう。

賢さに驚き、ほだされもした千鶴子さんは、3匹をもとには戻せなかった。

クマは、シェルターで、若い猫からも老猫からも、雄猫からも雌猫からも、モテモテのボスとなっている。ボスの隣に座りたい猫たちが場所取りを繰り広げているシェルターは、きょうも平和だ。マリがもう少し若かったら、クマと再びの恋をしたかもしれない。

いや、やっぱり、マリは、ボスの彼女であったことを誇りに、波乱に富んだ猫生を静かに終えることを選ぶにちがいない。

マリは知らない。

愛するボスが、このシェルターで穏やかに枯れるように最後の日々を過ごしたことを。

「復活したら、マリのもとへ」と、千鶴子さんが願って看病を尽くしたことも。

猫との約束

第14話

毎日が楽しいよ
これからも
よろしくね

ドアをノックしてやってきた

「こんな子がいるよ」

そう言って、夫がスマホの画面を奈保子さんの目の前に差し出した。

そこには、たっぷりとした、あまりにもたっぷりとした顔幅の茶トラ猫が、ちょっとよるべなさそうな目で見上げていた。

「顔でかナッツ」というタイトルで、保護猫を取材した記事だった。

まあ、なんて大きな顔。なんて可愛いの。なんて甘えん坊そうな子なの。一目惚れをした。

「定年になったら、猫を飼いたいね」とふたりは話し合っていた。
定年まではまだまだだったが、留守番できるおとなしい猫なら今から飼えるかもという気持ちが高まっていた。

ナッツは、外暮らしの猫だった。寒くなり始めた秋の夜、ご飯をもらっていた真由美さんのアパートを訪ねた。コンコンコンと体当たりでドアを叩き、ドアが開くや、中に飛び込んだ。

真由美さんは勢いで保護したものの、さあ、困った。すでに家の中には、保護した猫が5匹いたのだ。ことに、保護間もない「グレース」という雄猫は、眼光鋭い家庭内ノラ。家猫になりたかったナッツにとっては思わぬ誤算だった。

真由美さんが仕事に出かけるときは、ナッツには大きなケージハウスで過ごしてもらい、譲渡先を探し始めた。そんな記事だった。


ナッツは顔の大きさに似合わず、とてもビビリでナイーブな猫だった。グレースとの摩擦から か、体調がちょっと心配で獣医さんに連れていくと、先生はこう言ったものだ。

「デカいねえ、顔」

診察を終えると、こう言った。

「大丈夫でしょう、顔デカいから」

ひそかな約束

奈保子さん夫妻は、ナッツを迎えたいと申し込む。

真由美さんは、もうナッツが可愛くて可愛くて仕方なかったが、「いつでも戻ってきていいからね」と送り届ける。

ナッツは、緊張のあまり、着いたとたん過呼吸に。

2日ほどソファーの下に隠れたが、夫婦でやさしく話しかけ続けるうちに、打ち解けた。

奈保子さん提供

あとは、甘えん坊一直線。いつもそばにいたがって、ウルウルの瞳で見上げる。帰宅時には、玄関まですっ飛んできて出迎えてくれる。寝るときは、川の字だ。

奈保子さんを驚かせたのは、夫の大変化。口数の少ない夫が、ナッツにしょっちゅう話しかけ、遊んでやり、笑い声を立てているではないか。マンネリ気味だった夫婦に、毎日楽しい会話が交わされる。ナッツがどんなに可愛いか。来てくれてどれほどうれしいか。

ナッツは推定7歳すぎだが、元気いっぱいにひとり息子生活を楽しんでいる。

奈保子さん提供

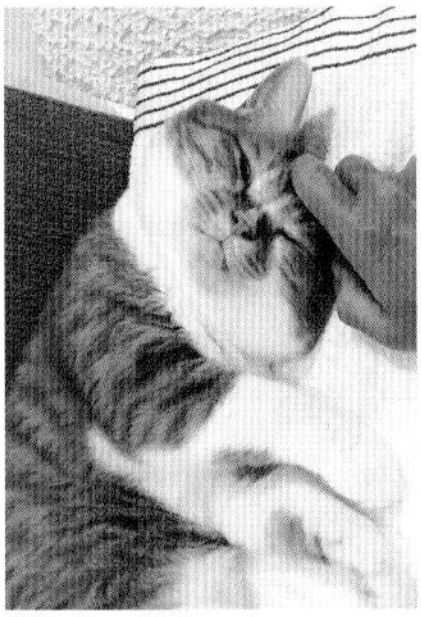

奈保子さん提供

ナッツ可愛さのあまり、奈保子さんはナッツを見送るときの悲しみを思わずにいられない。

ナッツとは、こんな約束をひそかに交わしている。

「お別れのときは、ちょっとだけ骨をお母さんに食べさせてね」

ナッツを自分の中に取り入れなければ、きっと生きていけないだろうから。

猫との約束

第15話

みんな順番に
そっちへ送り出すまで
見守っていてね

巡る季節、巡るいのち

サチが旅立って、2年が過ぎた。
全身まひの雄猫サチは、路傍で這いずっていた子猫だった。安楽死を逃れ、里山で小さなキャンプ場をしている長平・麻里子夫妻のもとに持ち込まれた。仲間たちや雌犬のハッピーに見守られてリハビリに励み、よろけながらも歩けるようになった。

麻里子さんは、捨て猫が持ち込まれると、サチとハッピーに子育ての応援を頼んだ。子猫たちはみな、サチが大好きだったが、子猫可愛さになめ回してベトベトにするハッピーは、そのうち敬遠されるのだった。

ノラだった母猫を交通事故で亡くした白黒長毛のゴローもサチを慕い、大きくなると、サチのナイトになった。

毎朝、猫小屋の扉が開くと、猫たちはいっせいに飛び出していく。
裏庭は広々として、四季折々に、遊びは尽きない。春は野菜畑の間でかくれんぼをし、夏は高い木に登って風に吹かれ、秋は山裾の枯葉の小道を音を立てて走り回り、冬は屋根や枯草の上でひなたぼっこをする。

サチは、みんなから遅れて、えっちらおっちら、庭に出る。遠くからそれを見つけたゴローが飛んでくる。サチがバランスを崩してバタンと倒れないよう、脇に寄りそう。やがて、みんながサチの周りに集まってくる。

サチは、12年のしあわせな日々をここで過ごした。麻里子さんがつけた名の通りに。

誰かが誰かを守って、大自然の中で共に生きる。猫たちが見せる愛情の循環風景は、麻里子さんの宝物だ。サチを失って痩せてしまったゴローも、仲間たちに寄りそわれて元気を取り戻した。

台風が去ったあと

サチがいなくなった年の秋、大きな台風が裏山の巨木を根こそぎ裏庭に倒し込んだ。猫たちは、さっそく倒木をアスレチックに。長平父さんが、小枝を払って登りやすくしてやったので、左前足のないあっこも、みんなと一緒に斜め木登りを楽しめた。どんなときも猫たちは前を向いて生きる。

サチたちが眠るお墓は、山道をちょっと上った、里全体を見渡せる小さな丘にある。墓碑には、こう刻まれている。

「深い愛をありがとう」

縁あってここにたどり着き、たくさんの愛情深い思い出を残してくれた、サチたちに捧げる心からの感謝だ。

隣には、自分たちがいずれ眠る墓も建てた。


手を合わせ、麻里子さんはそっと話しかける。

「サチ、バジルやノンちゃんやタローたちはそっちで合流したかな。ハッピーもユズもおばあちゃんになったけど、みんな仲良く元気で暮らしているよ」

タローはアパートで飼いきれなくなったのを引き取った犬で、旅立ったばかりだ。

一気に里山はにぎやかに

タローを看取って数日後のこと。麻里子さんが車で買い出しに出かけると、痩せこけた猫たちが車道にさまよい出てきた。5匹が横一列に並んで、せつない目で運転席をじっと見上げるではないか。

猫たちが出てきた空き地には、痩せた猫がまだ数匹。近くの住人に話を聞くと、何年も餌やりを続けていた人が来なくなって、もうずいぶん経つという。すぐに家から餌袋を持ってくると、ガツガツとむさぼり食う。

保護活動をしている知人に相談し、捕獲器で9匹が保護できた。そのまま、病院へ直行し、手術・検査・ワクチンを済ませた。猫を引き受けるのはもうおしまいと思っていたが、見捨てることはできなかった。

長平さんは、すぐに、大型犬が使っていた小屋の改築にとりかかった。土間をフローリングにし、風通しや日当たりを考え、遊び場や広いトイレを作り、一日で猫仕様にしてしまった。シャアシャア言っていた9匹も、自分たちの小屋が気に入り、のびのびと暮らし始めた。ひもじさを抱えてうろつき、湿った茂みで寝ることはもうないのだ。先住猫たちもフレンドリーで、ゴロー先輩はとくにやさしい。捕獲できずにいた1匹も、あとからやってきた。

出費も増えたが、哀しい目をしていた子たちが、いま、安心しきって暮らしているのが何よりうれしい。左前脚のまひした子が、いちばんはしゃいで草の上を走り回っている。

この子たちも、自分たち夫婦のこれからの人生に元気をいっぱいくれるだろう。犬猫込みでのキャンプ場の後継者はもう決めてあるが、元気な限りは働き続け、犬と猫たちの送りびとをつとめたい。

墓前で、麻里子さんはサチたちに話しかける。
「また、にぎやかになったよ。順番にみんなをそっちに送り出すまで、まだまだ元気でがんばるよ。見守っていてね」
　丘から広場を見下すと、ふっくらしてきた新入りたちが、先輩たちに混じって走り回っている。気持ちよさそうに大あくびをしているのは、保健所送りを逃れてここに来て5年目のちくわだ。

　サチたちは、ときどきお墓を抜け出して、仲間と里山を遊び回っているに違いないと、麻里子さんはふと思う。

猫との約束

第16話

あなたのような
思いをする猫がいなくなるよう
手をつないでがんばるよ！

ミーナに相棒を

ミーナのために相棒を迎えてやろう。東京都の郊外に暮らす挙《あぐる》さん・奈々さん夫妻は、そう思った。

ミーナは、1年前に保護団体「ねこけん」の譲渡会で出会った三毛猫だ。譲渡会場には愛らしい盛りの子猫たちもいたが、奈々さんは、会場に入るなり、はじっこのケージの中でぽつんとしていた三毛のおとな猫のもとへ吸い寄せられるように向かった。

ああ、この子だわ！

「ミーナ」の名札の下に「アレルギーがあります」と書いてあった。

薄汚れ、ガリガリで町をさまよっていたところを保護された、推定2〜3歳の雌猫だった。

ミーナをもらい受けて半年。相棒探しのため、ねこけんのサイトを眺めているうちに、一匹の雄猫の写真に目が留まる。

「あっ、この子、かわいいね」

「うん、そうだね」

はにかんだような表情が愛らしい、推定7歳のサバ白猫。ごくふつうの、いかにも猫らしい猫だ。どこか犬っぽいミーナとは、いいコンビになるのではないだろうか。

悲しい過去

ふたりは知る。

気になるその猫「次郎」のことが書かれたねこけんブログを読むうちに、彼の悲惨な過去を

次郎は、2015年秋に新聞記事にもなった虐待・遺棄事件の被害猫だった。

「都内の公園で、粘着テープで脚や胴を巻かれ、紙袋に入れられた猫が発見された。猫はあごの傷のほか、右耳の後ろに殴られたような痕があり、血を流していた」と、当時の記事にはある。猫は、その町でひっそりと暮らしていたおとなしいノラだった。

挙さんたちは、そのニュースを覚えていた。捕まった犯人が「連れ帰った猫が暴れたので、金づちで殴って捨てた」と言ったことも。次郎があの事件の被害猫だったとは！

すぐにお見合いの連絡を入れた。被害猫だからと特別構えて申し込んだわけではない。すでに写真ですっかり気に入っていたからだ。

「やさしい手」の記憶を重ねて

虐待・遺棄された当時、「遺失物」扱いだった猫を、手当てを申し出て警察から引き出した

のは、都内の保護団体ねこけんメンバーで獣医師の黒澤理紗さんである。

金づちで殴られたため、あごがずれ、右目が小さく焦点が定まりにくいという後遺症が残ったが、ケガの治療を終えた次郎は、ねこけんシェルターへ。

ガチガチに固まって、人の手が近づくと目をむいて威嚇する次郎に、ねこけん代表の溝上奈緒子さんをはじめスタッフたちは、毎日毎日、「次郎、やさしい手だってあるんだよ」と声をかけ、そっと撫で続けた。

ねこけん提供

やがて威嚇をやめた次郎を、さらに人馴れさせるべく、預かりボランティアの市來《いちき》美里さんの家へ。

少しずつ少しずつ、薄紙をはぐように、次郎は人間への恐怖心を克服していく。

もう大丈夫。次郎は「かわいそうな猫」ではなく、ふつうの猫として送り出せる。

そう信じることができて、譲渡先探しがスタートしたのは、事件から5年近くの夏のこと。

トライアルに送り出す車の中で、市來さんは、次郎にこう話しかけた。

「みんなであなたを見守っているからね、ここはちょいとがんばりなさい」

甘えん坊のおじさん猫に

次郎を迎えて、最初の1週間は、布をかぶせた大きなケージハウスで過ごさせた。次の1週間は、少し布をめくった。ケージの中が気になって仕方なかったミーナは、さっそくのぞきにくる。3週目にはケージフリーに。いつの間にか2匹は仲よくなっていた。

いま、次郎は夫妻の笑顔のそばで、ミーナとしあわせに暮らしている。

ミーナが大好きで、いつもそばでゴロンゴロンしている次郎は、挙さんたちには「ミーナの尻に敷かれている」ように見える。

奈々さん提供

奈々さんにもゴロンしたり、ごはんの催促でスリスリするようにもなった。

そう、ちょっとビビりだけど、ふつうの甘えん坊のおじさん猫に、次郎はなった。夫妻にとっては、正反対の2匹だから、それぞれ可愛くて、毎日がおもしろい。


譲渡が決まったとき、うれしくてただただ泣いたという市來さんは、ブログで次郎へこんな言葉を贈った。

「次郎、卒業おめでとう。

他の預かり猫たちに好かれ、とくに女の子や子猫にやさしかったね。あなたはあなたらしく、そのまま生きればいい。どの子もしあわせになる権利があるんだよ。

私たちは、あたりまえの愛を示しただけ。恐怖の記憶が消えていったように、あなたの中の私の記憶はやがてすっかり消えるでしょう。でも、次郎の代わりに、私が覚えている。それで十分。

あなたのような思いをする猫がいなくなるよう、これからも、みんなでしっかり手を繋いでいくよ」

それは、次郎だけでなく、猫たちみんなへの約束だった。

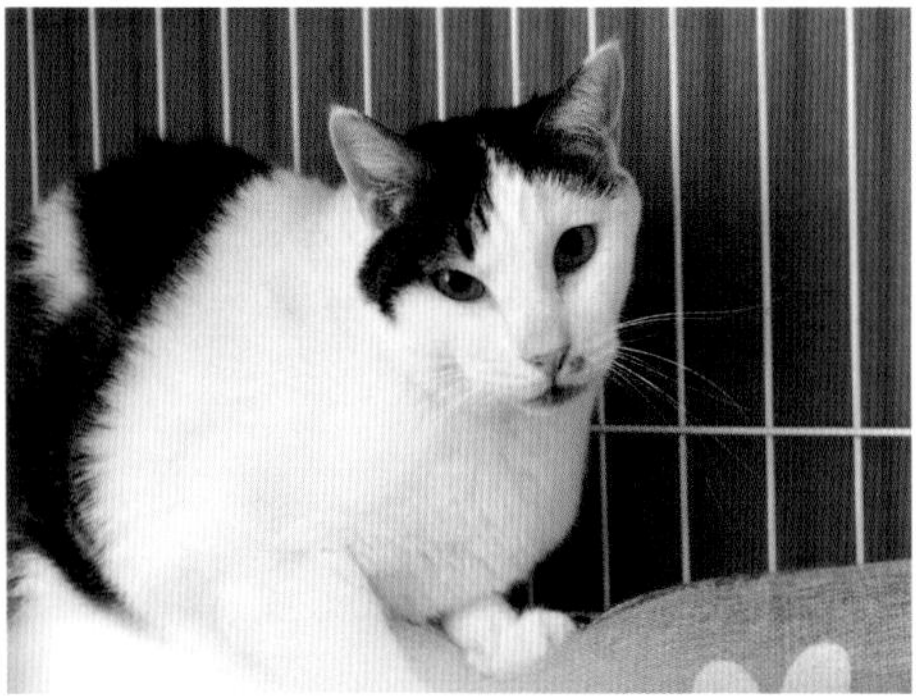

猫との約束

第17話

さよなら
きっとまた
会おうね

残りの時間はあとわずか

23歳を超えた、いっとくさんの愛猫「ねぎ」には、衰えが増してきた。12月に入ると、食欲がパタッとなくなり、シリンジで流動食を飲ませはしたが、嫌がるのでもう無理強いはやめた。共に過ごす時間はもう残りわずかだと、わかっていた。ねぎは、旅立つ準備を始めていた。


英語教師のいっとくさんは、造形や絵画などジャンルにとらわれない創作作家でもある。クリスマスの朝、職場に向かう前に、すっかり軽くなったねぎを胸に抱き、こう言い聞かせた。

「ねえ、ねぎ。一人でいるあいだに死んではいけないよ」

若いときと変わらぬシャインマスカット色の美しい目が、いっとくさんを見つめ返した。


大みそかの夜は、ホットカーペットに横たわるねぎの傍らに座って、つもる話をした。あのときは楽しかったねえ。あのときも楽しかったねえ。あれこれと思い出された。ねぎが彼氏に選んだ雄猫たちのこと。夜の公園でベンチに並んで月を見上げたこと。おにぎりを分け合ったこと。一緒に散歩していたら近所の女の子に笑われたこと……。

「21年間、おもしろかったねえ」と言うと、ここしばらく鳴いたことのなかったねぎが「にゃあ」と鳴く。「ねぎもおもしろかった?」と聞くと、また「にゃあ」と鳴いた。

おかしくなって、「おまえ、ほんとは人間の言葉がわかるんだろう?」と尋ねても、返事はない。ねぎは、ちょっとバツが悪そうだった。

温厚ないっとくさんと、好き嫌いのはっきりしたねぎは、この上ない相棒だった。

庭を横切った器量よし

ねぎは、21年前の春に、つと庭を横切った猫だった。ノラなのか半ノラなのか、「お、美人」と目で追うほどの器量よしだった。

その後も庭を通る姿を見たが、呼んでも近づいては来ない。

11月の寒い夕べ。いっとくさんが夕食の用意をしていたら、あの猫が外からのぞいている。戸を開けて「おまえも一緒に鍋でも食うか」と言うと、スッと入ってきた。鶏肉をやると、前脚で転がして冷ましてから食べた。

食後、畳の上でゴロンとしていたいっとくさんの胸に、猫は乗っかってきて香箱を組んだ。もうずっと前からこの家にいたみたいに。

猫は、朝になると出ていったが、夜にはやってきて、そのうち、出ていかなくなった。

少年時代、捨て猫を拾っては親に叱られ、飼うことが叶わなかった猫との初めての暮らし。猫がのぞいたときに、箸でつまんでいたのが葱だったので、「ねぎ」と名づけた。獣医さんに診せると、2歳前くらいで「手術済み」とのこと。地域のボランティアに手術をしてもらったノラの1匹のようだった。

次々とボーイフレンドを作る

ねぎはいかにも自由な猫だったので、「そのうちいなくなるのかな」という思いもあったが、すんなり家猫になった。

いっとくさんは、ねぎのペースに合わせて暮らし始めた。朝は、きっちり5時50分に起こされる。ねぎはノラだったくせに、大きなものは食いちぎれず、皿からはみ出たものは絶対に食べない。旬の魚を夕食用に買うことが多くなり、ねぎ用には塩分を加えず、小さく切って焼いてやった。

ご飯をあげても、好きなブラッシングをしてやっても、鳴きやまないときがあった。そんなときは抱っこして、玉置浩二の「メロディー」でも歌ってやると、幼子のように眠った。そんな話を聞いた友人たちは、ねぎを「ねぎ様」と呼んだ。

たしかにねぎは、わがままな猫だった。

だが、いっとくさんが風邪で寝込んだときは一切わがままは言わない、わきまえた猫だった。トイレの残り水を飲んで叱られてからは、絶対にトイレに近づかない、賢い猫でもあった。

いっとくさん提供

ねぎは、雄猫にモテた。

庭からデートの誘いにやってくる雄猫を、ねぎは部屋から見下ろして、気に入ったオトコのときだけ「庭に出して」と鳴く。ねぎは手術済みだったから、デートといっても、その辺でただ並んで過ごしたり、気が向くと鼻先にチュッとしてやるくらい。それでも求愛者は絶えず、選ぶのも、ガッチリ系からジャニーズ系まで、さまざまだった。

いっとくさんの顔を見るたび「にゃっ（やあ、お父さん）」と挨拶する気のいい猫がいた。「お父さんはアイツがいいと思うぞ」と、ねぎに勧めたが、長続きしなかった。

描く絵はどれも、ねぎだった

ねぎの誕生日は、家に入ってきた11月3日とした。

何年めかの誕生日に、ねぎの絵を描いた。3色塗ったら失敗しそうで、白一色で描いた。まじまじと絵を眺めたねぎは、いっとくさんを見上げた。「私じゃないみたいなんだけど」と言いたげに。

展覧会が近づくと、絵や写真を床に並べる。ねぎは、作品がいっとくさんの大事なものとわかっていたようで、器用によけて歩いた。

だが、一度だけ、描いていた絵を踏んだ。

そのとき、いっとくさんは、大きめの30号の絵を床で描いていた。近くにいたねぎに「踏む

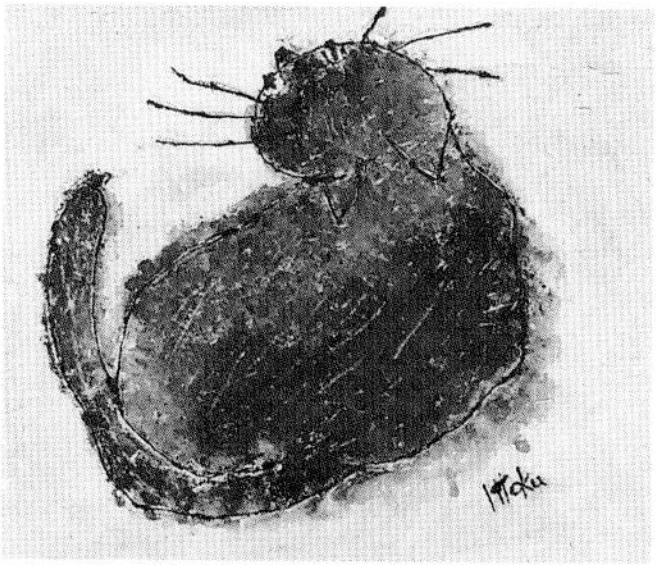

画:ittoku

❸	❶
❹	
❺	❷

❶「毛づくろい」アクリル画
❷「入れて」ひっかき画
❸「見上げる」石膏＋絵具
❹「草の上を歩く」コラージュ
❺「丘の上の白い猫」アクリル画

なよ」と声をかけるや、ねぎはトコトコトコとやってきて、しっかり踏みつけていった。コントのように、今塗ったばかりのところを。

坂を上る亀の絵だった。つけられた小さな足跡がなんとも可愛らしかったので、そのまま展覧会に出した。買いたいと言う人がいたが、売らなかった。

絵でも、版画でも、立体でも、毛色は違えど、いっとくさんの作品の猫はみんなねぎだった。

こうして楽しき春秋が幾つも過ぎ、ねぎに、少しずつ少しずつ、老いが忍び寄ってきた。

老いゆく日々

ねぎの美貌は、年と共にろうたけていったが、15歳を過ぎると、庭にくる雄猫からのデートの誘いに応じることが少なくなっていく。

18歳になった頃の夜、いっとくさんの膝に乗ってきたねぎが、ふっと軽い。病院で、甲状腺機能亢進症と腎臓の薬を処方された。

薬をご飯に混ぜるとそっぽを向く。世の猫たちに絶大な人気の液状おやつに混ぜるといいと聞いたが、煮干しなどの固いものが好きなねぎは、この軟弱なおやつが大嫌いなのだ。薬をすりつぶし、パテ状の栄養缶詰に混ぜ、朝に夕にシリンジで口の脇から飲ませた。

すっかりスレンダーになって、風に吹かれるように歩く姿は妖精猫のようである。

若い猫がデートの誘いにやってきたときは、鳴いていっとくさんを呼びつけた。追っ払ってちょうだい、と。もう雄猫には興味がないようだった。

病んだねぎは、毎日一度は「抱っこして」と要求した。抱いてやると、のどをゴロゴロと鳴らし続ける。夜には「散歩に行こう」と誘う。家のすぐ目の前に小さな児童公園があって、夜は誰もいない。ベンチにふたり並んで座る。10分ほどたつと、ねぎは満足した風で、先だってスタスタと家に向かうのだった。

どんなわがままも聞いてあげるから

歯槽膿漏から、目の下におできができた。皮膚がんの一種のようだと診断されたが、年齢から、切除手術はしないことにした。

「ねぎ、あと何年かはがんばって生きなさい。どんなわがままも引き受けるから」と、いっとくさんが言うと、おできの上の美しい瞳は「そうするわ」と言うように、見つめた。

22歳を過ぎた春には、体重が2キロを切った。歯槽膿漏を悪化させないため、2週間に一度、

抗生物質の注射をしてもらいに行く。それで、食べることだけは持続できた。

コロナ禍のためステイホームが続く日々は、ふたりをいっそう親密にさせた。

朝起きるとまず、ねぎのお腹が上下していることを確かめる。「抱っこして」「薬の時間よ」など、ねぎからのお呼びがかかるまで、いっとくさんは自分の仕事をする。

高齢猫は、親であり、子であり、恋人でもあり。その3つの役割を同時にやってくれていると、いっとくさんは思う。だから、ねぎの世話は、とても幸福な時間だった。

別れのとき

夏が過ぎ、秋が過ぎた。ふたりが共に過ごせる最後になるだろう冬が来た。12月に入ってからはガクンと食欲が落ちた。

寝ていたホットカーペットに初めての粗相をしたねぎに、いっとくさんは、「クリスマスプレゼント」と言って、新しいカーペットを敷いてやった。そして、「2021年まで生きようね」と約束した。

大みそかは、もう目を開けることもしないねぎに、思い出をたくさん語りかけて過ごした。

元旦に起きると、ホットカーペットの上にねぎがいない。ハッとして見回したら、布団の傍らで寝ていた。元気な頃は、真夏でも一緒に寝たがったねぎだったから、そばで寝たくなったのだろう。

正月の2日は、ずっと寄りそっていた。眠るねぎの頭をそっと撫でて「ありがとね」と言うと、ねぎは、びっくりするほどはっきり顎を引いて、うなずいた。

3日の朝も変わりはなかったので、いっとくさんは、ねぎの隣に寝転んで本を読んでいた。ねぎが、何度か大きな息をした。手を握ると、しっかりと握り返してきた。何度目かの大きな息の後、ねぎは旅立った。２０２１年まで生きるという約束をちゃんと守って。

2歳で入り込んできてから、21年と2か月一緒だった時間が、ぷつんと切れた。撫でながら、そっと話しかけた。

「ねぎ、また、生まれ変わっておいで。生まれ変わって、お父さんの猫になりなさい」

また、きっとどこかで会える

ねぎは、そこで、ただ眠っているかのようだった。

想像していたような、耐えきれないほどの悲しみやつらさは襲ってはこなかった。悲しみが混じる、静かな幸福感の中にいっとくさんはいた。

思えば、ねぎが病気になってから5年間、いっとくさんは、そしてきっとねぎも、「死」という別れの一点を見て生きてきた。そのときにけっして後悔しないよう、毎日毎日精いっぱい楽しく過ごした。それができ、いい見送りもできた幸福感のほうが、寂しさよりも強いのかもしれなかった。

ねぎが、この父を悲しませまいと長い時間をかけてお別れをしてくれたのだと思った。

とはいえ、ふとしたときに涙がこみあげる。買い物に出て、ねぎの好きそうな魚を見たときとか、餌皿にちょうどいいものを見つけたときとか、ただ歩いているときとか。

ねぎのからだはもうこの世にない。だが、今もしっかりと繋がっている確信がいっとくさんにはある。窓の向こうから、「入れて」と帰ってくる気もする。

ねぎと出会ったのも、ずっと前からの約束だったのかもしれない。きっとまた、生まれ変わったねぎに会える。一目見て、ねぎだとすぐに気づき、その子も僕だとすぐにわかるだろう。うっかりして、違う毛色になったねぎに気づかないといけないから、ふたりだけの秘密のサインも、別れの日に決めた。

そういえば、ついこの前のこと。明け方、寝床のすぐわきに、3色のかたまりのようなものがいる。すぐにねぎだとわかったので、「よう」と言って抱きかかえ、「何やってんだよ」と聞くと、かたまりは答えた。「今度は何色に生まれ変わるか考えてる」

笑って、目が覚めた。

桜の季節に分骨をした。納骨に向かう車の中で、最後の「メロディー」を歌ってやった。

分骨したねぎのお骨は窓辺にあり、毎日話しかける。

しっぽの辺りの毛を少しと、指と思われる細い骨を入れたロケットを持ち歩いている。

ポケットの中でそっと握ると、ねぎと手をつないで散歩をしているようで、楽しい。

「ねぎ、また会えるのは、いつになるのかな」

いっとくさん提供

往復書簡で猫ばなし

深谷かほるさん
↑↓
佐竹茉莉子

深谷かほる さま

お元気にご活躍うれしいです!

私もわがまっ黒ぐうたら猫も
変わらず元気にやってます。
私たち、こんな約束してるんですよ。

菜っ葉ちゃん
幾つになっても
お互い楽しく生きようね。

きっと彼女は
この約束を守ると思います。
私も守るつもり(笑)。

深谷さんは
今はお空の上のマリちゃんと
何か約束を交わしましたか?

ぜひぜひ
お聞かせください。佐竹茉莉子

第1便

佐竹茉莉子さま

はい、元気です
このたびまた、佐竹さんの
新しいお仕事を拝見
できて嬉しいです。奇跡のような
いつもながら、素敵な物語です。
この世には素敵な人と
素敵な猫が実在するのだ
と思えます。

ところでお尋ねの 猫と何か約束しましたか? ですが

うちの亡き「マリ」は
右眼が潰れ
左眼も曇っている猫
でした

いろんなことを教えてくれました。
「強気に行け!」
「闘う者に敗北なし!」
「遠慮してる奴には優しくしろ」などなど
マリはその生き方で示してくれましたが
私は約束できるだけの覚悟がありませんでした

亡くなって三年の今
約束している
ような気がします

深谷かほる より。

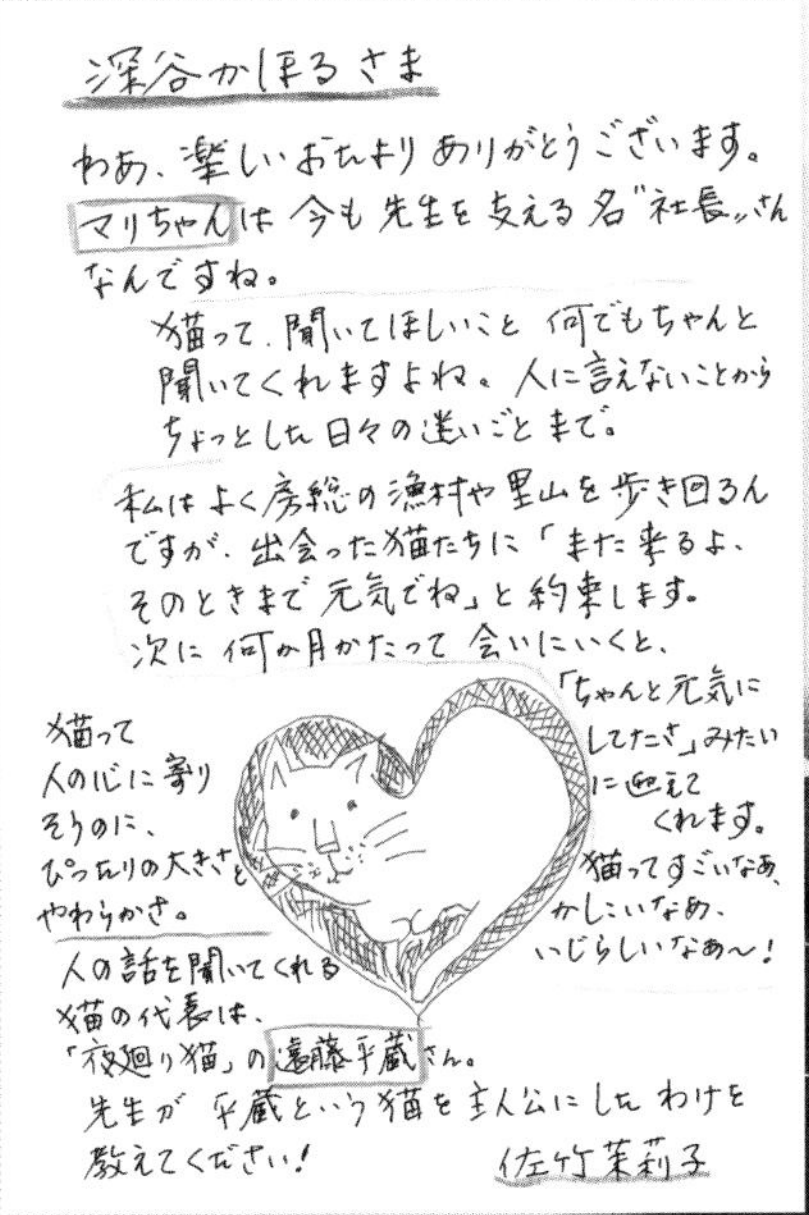

深谷かほるさま

わあ、楽しいおたよりありがとうございます。
マリちゃんは今も先生を支える名"社長"さんなんですね。

猫って、聞いてほしいこと何でもちゃんと聞いてくれますよね。人に言えないことからちょっとした日々の迷いごとまで。

私はよく房総の漁村や里山を歩き回るんですが、出会った猫たちに「また来るよ、そのときまで元気でね」と約束します。
次に何か月かたって会いにいくと、「ちゃんと元気にしてたさ」みたいに迎えてくれます。

猫って人の心に寄りそうのに、ぴったりの大きさとやわらかさ。

猫ってすごいなあ、かしこいなあ、いじらしいなあ～！

人の話を聞いてくれる猫の代表は、「夜廻り猫」の遠藤平蔵さん。
先生が平蔵という猫を主人公にしたわけを教えてください！

佐竹茉莉子

第2便

佐竹茉莉子さま

佐竹さんの第二便で、猫たちとの会話の一端を教えていただけて嬉しいです！
かねがね、「佐竹さんはこんなに素晴らしい猫や人の話を、どうやって引き出してらっしゃるのかな？」と思ってました。

やっぱり佐竹さんは猫と話が出来るんですね。そうじゃないかと思ってました。
（私は、猫は私を見すかしてますが、私は猫の気持ちがよくわからないんですよね～。まだまだです！）

ところで、「夜廻り猫」の主人公を、この強面猫、遠藤平蔵にした理由ですが。人間の話を聞く役なので、辛抱強い者でないと、と思いました。世の中を知っている野良猫の、強さや優しさが出るといいなと思っています。

深谷かほる

第3便

深谷かほるさま

平《ワーイ》蔵さんがまっすぐこっちに歩いてくる

うれしいおハガキ。ワーイ、ワーイ、ワーイ!!

そうか、生きる悲しみも寄りそうあたたかさも

知っている野良猫の、つよさと優しさ。

それを平蔵さんに凝縮なさったんですね!

そういえば、私のそばにはいつも元ノラが。子どものときも大オトナの今も。

猫って…

いろんな人生のシーンで

いろんな出会い方、いろんな寄りそい方を

してくれて、いろんな風穴をあけてくれる。

出会いには別れがあることも教えてくれる。

深谷さんの本にはそれがいっぱい!

猫って、そこにいるだけでいい。

そうですよね。

佐竹茉莉子

佐竹茉莉子さま

ほんとにその通りです!!

そして猫は

嘘をつかず

うわつかず、落ち込まず

どんな状況になっても

ベストを尽くして生き抜いて

くれるんですよね…

私の農家育ちの母は

「猫はいるだけで役に立つ」

と言ってました。「ネズミよけ

になる、言葉もわかる、

自分で身づくろいしていつも

こぎれい」と。私も長く生きる

につれ、猫の偉さがわかって

きました。目標です…!

深谷かほる

深谷かほる さま

私、思うんです。
いろいろな飼い主さんと猫を
取材してきましたが、
猫って、ちゃんと約束を信じてる!

ピンクの花だよりに
いっぱい元気を
もらいました!

いっしょにしあわせになろうね
ずっと守るよ
いいよ
大好きだよ
はいよ
わかってる

だから、
私たちは
けっして
裏ぎっちゃ
いけない。

佐竹茉莉子

生きにくい世の中ですが
深谷さんが平蔵という猫に託された
「寄りそって生きる」「約束を大切にする」は
これからの明かり。（これからも）平蔵さんをいろいろな人のもとへ届けてください!

第4便

深谷かほるより

佐竹茉莉子さま

第四便のお便りは、読んでしばらく考え込みました。
私は、自分のマンガの主人公に〃約束を守る〃
ということを託してたんだ…?」と。
しばらく考えて…その後やっと、「そうか」
「私、今になって、佐竹さんがこの本で仰って
いることに近づけたかも」と思いました。
実生活では極力、約束をしないように
してるのです。そうすれば破ることもないからと。
でも本当は…我々の生活には有形無形の
約束があって。言葉にしない約束を守り合えた時、
信頼は生まれるのだよなあ…もしかすると。
ことに、仰る通り、こちらが約束を破っても
「けして文句を言わない相手」との約束は大切ですよね。
最初に猫とした約束は「君をずっと好きでいるよ」
だったかな…。思い出をそろそろと振り返りました。
今回もまた、楽しくて——そのうち心がじーんと静まる。
素敵な 佐竹さんのお仕事に触れられました。幸せな気持ちです。

あとがき

辰巳出版から出していただく、私の猫本シリーズも、この「猫との約束」で5冊目となりました。これまでは、文章と写真が半々でしたが、今回は、文章のほうに重点を置いています。猫好きの皆さんと、猫への思いをしっかり共有したかったからです。

表紙になってくれた幼いサビ猫は、2年前の夏の夕方、房総の小さな漁港で出会った子。どこか儚げな印象でしたが、目に意志のある子でした。彼女とは、「また会おうね。元気でいるんだよ」と約束しました。

この春、再会した彼女は、ふくよかな体格になっていました。約束を覚えていてくれたのか、フレンドリーに近寄ってきて、船べりでひととき、いっしょに潮風に吹かれました。あやうく、家を出る前に我が愛猫と交わした「今日は暗くならないうちに帰ってくるからね」という約束を忘れるところでした。

そして、別れるときに、また約束しましたとも。

「またね。元気でいるんだよ」

私たちは、この本の17の物語で紹介したような大切な約束だけでなく、他愛のない小さな約束も、猫たちと日々交わしながら暮らしています。自分に言い聞かせる約束のようなときもあります。「お仕事、がんばるね」とか。

本書の中で猫ばなし交換をさせていただいた深谷かほるさんは、こう書いていらっしゃいます。「言葉にしない約束を守り合えた時、信頼は生まれるのだなあ」と。

本当にその通りと、この本を書き終えて、改めて感じています。人と猫も。人と人も。

交わした約束を守り合え、猫本来の陽気さや自由さが失われない日常が、いかに人間にとってもしあわせであるかを、しみじみ思います。

２０２１年夏の終わり　著者

●スタッフ
デザイン　深山典子
写真・イラスト　佐竹茉莉子
編集・進行　永沢真琴

●制作協力
株式会社フェリシモ 猫部
https://www.nekobu.com/
朝日新聞社 総合プロデュース室 sippo編集部
https://sippo.asahi.com/

●Special Thanks
本書に登場の猫たち、ご協力いただいた飼い主や
保護主・預かり主の皆さま。わが猫菜っ葉。

●本書について
本書は、フェリシモ猫部の人気ブログ『道ばた猫日記』と
朝日新聞系ペット情報サイトsippoの連載『猫のいる風景』で紹介され
話題となった猫たちのエピソードに新しい猫たちのエピソードも加え、
「約束」をテーマに完全書き下ろしでお届けする実話集です。

猫との約束

2021年9月25日　初版第1刷発行

著者　佐竹茉莉子

発行人　廣瀬和二
発行所　辰巳出版株式会社
〒160-0022
東京都新宿区新宿2丁目15番14号 辰巳ビル
TEL：03-5360-8088（代表）
FAX：03-5360-8951（販売部）
URL：http://www.TG-NET.co.jp

印刷・製本　図書印刷株式会社

ISBN 978-4-7778-2807-4 C0077